国家自然科学基金青年基金项目(72003179)
国家自然科学基金面上项目(71873016)
浙江农林大学科研发展基金项目(2019FR059)

中国木材产业全球价值链攀升的动力机制、路径选择研究

Research on the Dynamic Mechanism and Path Choice of the Global Value Chain Rising of China's Timber Industry

熊立春　程宝栋　著

中国林业出版社
·北京·

图书在版编目(CIP)数据

中国木材产业全球价值链攀升的动力机制、路径选择研究 / 熊立春,程宝栋著. —北京:中国林业出版社,2021.7
ISBN 978-7-5219-1041-4

Ⅰ. ①中… Ⅱ. ①熊… ②程… Ⅲ. ①木材工业-国际竞争力-研究-中国 Ⅳ. ①F426.88

中国版本图书馆 CIP 数据核字(2021)第 033073 号

中国林业出版社·林业分社

责任编辑:何 鹏

出 版:	中国林业出版社(100009 北京市西城区德内大街刘海胡同 7 号)
	hhtp://www.forestry.gov.cn/lycb.html 电 话:(010)83143543
印 刷:	三河市双升印务有限公司
版 次:	2021 年 7 月第 1 版
印 次:	2021 年 7 月第 1 次
开 本:	710mm×1000mm 1/16
印 张:	10
字 数:	180 千字
定 价:	55.00 元

Preface 前言

与经济全球化的历史进程为伴,全球价值链分工体系正成为产品分工生产的最新模式,国际分工协作程度更高,生产工序分割更为精细。在此背景下,作为制造业中的重要一环,木材产业也嵌入了全球价值链分工体系,世界各国分工协作生产木材产品也更加明确,对于中国来说,中国木材产业既在全球价值链分工体系下受益,也在参与全球价值链分工中受惑。首先,尽管中国木材产业已嵌入全球价值链,但木材产业参与全球价值链的方式和程度尚不明确。其次,传统贸易统计方式下,木材产业出口贸易总额的核算存在偏误,重复计算和国外增加值被纳入到本国出口中,导致出口贸易额统计被高估,为此,有必要核算出中国木材产业的真实出口贸易增加值。与此同时,木材产业在参与全球价值链过程中是否能够实现价值链攀升,其攀升的动力机制也有待进一步识别。最后,中国木材产业是继续按照现有发达国家主导的价值链范式参与国际分工,还是通过价值链重构建立起一套符合中国国情的有效攀升路径值得探索。

为此,本书以木材产业为研究对象,基于世界投入产出表数据,采用理论和实证分析相结合的方法,综合分析了木材产业全球价值链参与现状,测度了其贸易收益及其增长的驱动因素,测算了全球价值链分工地位及其攀升的驱动因素,并重构了木材产业全球价值链。最终得出中国木材产业全球价值链攀升动力机制与攀升路径,以期为中国木材产业、贸易政策制定提供参考。具体研究结果如下:

木材产业全球价值链参与现状分析表明:中国木材产业主要以后向参与的方式参与全球价值链,但整体上无论前向参与度还是后向参与度在世界范围内都处于较低水平。实证分析木材产业前向和后向参与度的动因发现，外贸依存度、自然资源禀赋、经济发展水平、人口规模和森林租金占GDP比重是影响木材产业全球价值链前向参与度的关键因素，经济发展水平、外贸依存度、城市化率和外国直接投资净流入是影响木材产业全球价值链后向参与度的重要因素。

木材产业全球价值链贸易收益测度及其增长的动力机制分析表明：在总出口特征上，国内增加值是木材产业出口增加值中比重最大的部分，占总出口的80%以上，木材加工业的国内增加值率略高于造纸业。通过增加值贸易核算也发现以往传统贸易核算方式下导致的统计误差不容小觑，国外增加值和重复计算部分占15%以上的比重。另外，从木材贸易出口国别来看，美国是当前中国木材产业出口的最大市场，年平均出口额达25亿美元以上。在双边出口增加值的解构上，中国正逐渐缩小与美国的差距，与部分发展中经济体相比，中国的贸易增值能力相对占优。此外，影响木材产业全球价值链贸易收益的因素分析表明，贸易成本、全球价值链参与度是影响木材产业及其细分行业贸易收益增长的关键因素。

木材产业全球价值链分工地位测度及其攀升的动力机制分析表明：2000—2014年中国木材产业总体处于43个主要样本经济体的中端位置，其中，造纸业全球价值链分工地位整体要高于木材加工业，木材加工业全球价值链分工地位处于中端水平，造纸业分工地位处于中端偏上水平。实证分析得出，木材产业及其细分行业的出口产品质量，技术创新是影响其全球价值链分工地位攀升的核心因素。

木材产业全球价值链攀升路径分析表明：通过价值链重构或能建立有效的攀升路径，木材产业全球价值链重构分析验证了驱动木材产业及其细分行业贸易收益和分工地位攀升的核心因素能够影响木材产业全球价值链重构能力的提升，贸易环境(外贸依存度)、制度环境(经济自由度)也可能影响其重构能力的提升。其次，刻画了木材产业从代工生产、贴牌生产、模仿、合作生产、自主创新、产业升级阶段到掌握国际话语权等四个阶段的价值链重构实现攀升的完整路径演化过程。最后，提出了中国木材产业如何通过价值链重构实现攀升的启示。

熊立春
2021年6月于杭州

目录

前　言

第1章　绪　论 ………………………………………………………… (1)
 1.1　研究背景与问题的提出 ……………………………………… (1)
  1.1.1　研究背景 ……………………………………………… (1)
  1.1.2　问题的提出 …………………………………………… (3)
 1.2　研究目的和意义 ……………………………………………… (4)
  1.2.1　研究目的 ……………………………………………… (4)
  1.2.2　研究意义 ……………………………………………… (4)
 1.3　分析框架、研究方法和技术路线 …………………………… (5)
  1.3.1　分析框架 ……………………………………………… (5)
  1.3.2　研究方法 ……………………………………………… (8)
  1.3.3　技术路线 ……………………………………………… (8)
 1.4　相关概念、研究对象和数据说明 …………………………… (9)
  1.4.1　概念界定 ……………………………………………… (9)
  1.4.2　研究对象界定 ………………………………………… (11)
  1.4.3　数据来源说明 ………………………………………… (12)
 1.5　本研究的创新之处 …………………………………………… (13)

第2章　相关理论与文献回顾 ……………………………………… (15)
 2.1　相关理论 ……………………………………………………… (16)

2.1.1　国际分工理论 …………………………………………… (16)
　　2.1.2　产业关联理论 …………………………………………… (16)
　　2.1.3　产业升级理论 …………………………………………… (17)
2.2　国内外研究综述 …………………………………………………… (17)
　　2.2.1　全球价值链理论研究进展 ……………………………… (17)
　　2.2.2　全球价值链攀升经验研究进展 ………………………… (21)
　　2.2.3　文献述评 ………………………………………………… (28)

第3章　木材产业贸易发展现状：传统贸易视角 ………………… (31)
3.1　林产品贸易发展现状 ……………………………………………… (31)
　　3.1.1　世界林产品贸易市场概况 ……………………………… (31)
　　3.1.2　中国林产品贸易市场概况 ……………………………… (32)
3.2　木材产业进出口贸易概况 ………………………………………… (33)
　　3.2.1　中国木材产业进出口贸易概况 ………………………… (33)
　　3.2.2　世界与中国木材产业进出口贸易比较 ………………… (34)
3.3　中国木材产业出口贸易特征分析 ………………………………… (37)
3.4　中国木材产业出口贸易结构与竞争力分析 ……………………… (38)
　　3.4.1　木材产业出口贸易结构变化 …………………………… (38)
　　3.4.2　木材产业出口贸易竞争力分析 ………………………… (41)
3.5　本章小结 …………………………………………………………… (42)

第4章　木材产业参与全球价值链现状：增加值贸易视角 ……… (44)
4.1　理论基础 …………………………………………………………… (44)
4.2　基于生产分解模型的全球价值链参与度指数 …………………… (45)
4.3　木材产业全球价值链参与度测算 ………………………………… (48)
　　4.3.1　国内木材产业全球价值链参与度现状 ………………… (48)
　　4.3.2　国际木材产业全球价值链参与度现状 ………………… (49)
4.4　木材产业参与全球价值链的动因 ………………………………… (51)
　　4.4.1　木材产业全球价值链前向参与度的驱动因素 ………… (52)
　　4.4.2　木材产业全球价值链后向参与度的驱动因素 ………… (57)
　　4.4.3　稳健性讨论 ……………………………………………… (62)
4.5　本章小结 …………………………………………………………… (65)

第5章 木材产业贸易收益测度：基于增加值贸易核算法 …………… (66)

5.1 理论基础 ………………………………………………………… (66)
5.2 增加值贸易分解模型及其应用 ………………………………… (67)
5.3 木材产业增加值贸易总出口分解 ……………………………… (69)
  5.3.1 增加值贸易分解：总产业层面 ………………………… (69)
  5.3.2 增加值贸易分解：细分行业层面 ……………………… (70)
5.4 木材产业增加值贸易的出口国别分解 ………………………… (73)
  5.4.1 出口主要经济体增加值分解 …………………………… (73)
  5.4.2 双边木材产业增加值贸易分解 ………………………… (78)
5.5 本章小结 ………………………………………………………… (84)

第6章 木材产业贸易收益增长的驱动因素分析 …………………… (86)

6.1 理论基础与研究假说 …………………………………………… (86)
  6.1.1 贸易成本对木材产业贸易增长的影响 ………………… (87)
  6.1.2 全球价值链参与度对木材产业贸易增长的影响 ……… (88)
6.2 变量选择与数据来源 …………………………………………… (89)
6.3 实证分析 ………………………………………………………… (91)
  6.3.1 模型设定 ………………………………………………… (91)
  6.3.2 实证结果及其分析 ……………………………………… (93)
6.4 稳健性与内生性讨论 …………………………………………… (98)
6.5 本章小结 ………………………………………………………… (99)

第7章 木材产业分工地位攀升的驱动因素分析 …………………… (101)

7.1 理论基础与研究假说 …………………………………………… (101)
  7.1.1 出口产品质量对木材产业分工地位攀升的影响 ……… (102)
  7.1.2 技术创新对木材产业分工地位攀升的影响 …………… (103)
7.2 木材产业全球价值链分工地位测度 …………………………… (104)
  7.2.1 基于生产分解模型的全球价值链分工地位指数 …… (104)
  7.2.2 国内木材产业全球价值链分工地位现状 ……………… (105)
  7.2.3 国际木材产业全球价值链分工地位现状 ……………… (106)
7.3 变量选择与数据来源 …………………………………………… (109)
7.4 实证分析 ………………………………………………………… (111)
  7.4.1 模型设定 ………………………………………………… (111)

7.4.2　实证结果及其分析 …………………………………（112）
7.5　稳健性讨论 ……………………………………………………（119）
7.6　本章小结 ………………………………………………………（120）

第8章　木材产业全球价值链攀升路径分析 ……………………（121）
8.1　理论分析 ………………………………………………………（121）
　　8.1.1　基本假设 ………………………………………………（122）
　　8.1.2　分析思路 ………………………………………………（123）
8.2　实证检验 ………………………………………………………（124）
　　8.2.1　模型设定 ………………………………………………（125）
　　8.2.2　实证结果及其分析 ……………………………………（127）
8.3　木材产业实现全球价值链重构的可能性 ……………………（129）
　　8.3.1　木材产业全球价值链攀升路径演化分析 ……………（129）
　　8.3.2　木材产业全球价值链重构启示 ………………………（131）
8.4　本章小结 ………………………………………………………（134）

第9章　研究结论、政策启示及研究展望 ………………………（135）
9.1　研究结论 ………………………………………………………（135）
9.2　政策启示 ………………………………………………………（137）
9.3　研究不足与展望 ………………………………………………（138）

主要参考文献 ………………………………………………………（139）

Chapter 1 第 1 章 绪 论

1.1 研究背景与问题的提出

1.1.1 研究背景

木材产业在国民经济中具有重要地位。随着全球经济和贸易的快速发展，消费者对木质品的需求与日俱增，根据联合国粮农组织统计，2000—2015 年期间世界木材消耗量年均达到 35.37 亿立方米（FAO，2016），这极大地带动了包括中国在内的诸多国家林产工业的快速发展。目前，中国已成为世界木材产业大国，木材产业成为中国国民经济的有机组成部分，并扮演着越来越重要的地位和作用（国家林业局，2013）。2016 年中国木材与木制品行业产值达 2 万亿元，增速为 3% 左右，成为国民经济部门增值能力较强的产业之一（谢满华、刘能文，2017）。同时，木材产业是资源基础型产业，其所依托的木材资源也是为数不多的绿色可再生资源，合理利用木材资源还可实现森林资源的可持续发展（Rametsteiner and Simula，2003；印中华、宋维明，2011），并最终有利于实现社会经济和生态效益双赢发展。

木材产业发展面临资源约束与"低端锁定"风险。世界森林资源的空间分布不均衡以及供需时间差异使得木材资源在有限的时空范围内难以实现市场均衡，当前中国林业产业发展面临着类似问题。从国内来看，中国木材资源供需矛盾持续加大。据 2015 年中国林业发展报告统计，2014 年中国木材消耗量折合约为 5 亿立方米，比 2013 年增长了 3% 以上。相关学者基于计量预测方法测度得出，到 2020 年中国木材需求量将攀升至 8.5 亿~9.5 亿立方米，约为 2014 年的两倍（刁钢，2014）。与之相对应的是，随着 2017 年"全面停止天然林商业性采伐"等宏观政策的约束，木材原材料资源的国内供给进一步收缩，木材供需缺口持续加大，短期内唯有大量进口国外木材资源才能缓解国内巨大需求。从国外来看，部分与中国木材贸易关系密切的伙伴国森林非法采伐、过度采伐现象频发，这受到诸多环保组织的诟病，甚至相关国际组织和国家指责中国为世界木材黑洞并导致了一系列森林安全和生态环境问题（程宝栋、秦光远等，2015；程宝栋、李凌超等，2016）。正因如此，世界一些主要木材出口国都纷纷限制原木出口，如俄罗斯、刚果、加蓬和缅甸等，并且发达国家也通过一系列木材贸易壁垒政策提高中国木材产品准入门槛，有研究表明，上述木材资源供需矛盾和国际贸易纠纷的解决需要通过产业升级来实现（程宝栋等，2015）。

产业升级是木材产业突破发展瓶颈的重要途径。在理论上，基于全球视角的产业升级是指产业由全球价值链低端向高端攀升的过程（Gereffi 等，2005）。当前，木材产业虽已深入参与国际分工，但贸易收益较低，只赚取了与贸易规模极不匹配的低廉加工费用，在相关木材贸易国际规则制定中也缺乏话语权（侯方淼等，2017）。具体来看，2017 年中国木质林产品进出口贸易额达 1500 亿美元，居世界首位，是名副其实的林产品贸易大国（国家林业和草原局，2018）。然而，林产品贸易大国并非林业产业强国，一方面，尤其以木材加工、造纸业为主的中国木材产业发展长期基于劳动力成本比较优势的驱动，形成了较强的价格竞争优势，国际市场份额不断攀升。在经济新常态背景下，伴随着中国人口红利的消失，劳动力成本快速上涨，现有木材产品的价格竞争优势将难以为继（熊立春、程宝栋，2017）。另一方面，目前的木材产业主要以粗放型生产模式为主，承接大量中低端产业链的加工贸易，造成了木材产业"大而不强"的问题，严重制约了中国木材产业国际竞争力的提高（印中华、宋维明，2011）。那么，在一系列发展约束和瓶颈束缚下，木材产业如何突破发展的桎梏？多数学者认为，产业升级是最为重要的途径（杨红强、聂影，2011；田明华、万莉，2015）。产业升级是指国家或企业在某一产业的分工生产中，采用提升生产效率，优化要素配置，促进单件产品的价值或增加值由低向高攀升，最终实现利润最大化的过程（Gereffi，2002；刘仕国等，2015）。有鉴于此，通过产业升级突破上述发展瓶颈，或能优化生产模式并实现木材产品的价值、利润最大化，提升木材产业国际竞争力。

全球价值链攀升是实现木材产业升级的具体表现。20 世纪 90 年代以来，全球价值链分工体系正成为推进世界贸易扩张并提升各国或地区经济增长的主要模式（Baldwin and Lopez-Gonzalez，2015；张杰、郑文平，2017）。党的十九大报告明确提出要促进我国产业迈向全球价值链中高端，因此，全球价值链升级是促进木材产业升级的必然趋势。长期以来，中国凭借丰裕的劳动力和低廉的生产要素嵌入到全球价值链分工体系，成为"世界工厂"（王岚、李宏艳，2015）。就木材产业而言，木材产业已形成全球木材产业链为纽带的分工生产模式，俄罗斯、东南亚等森林资源丰富的国家和地区提供原材料，在中国进行加工或贴牌生产，再出口到欧美发达国家，而中国主要借助外国厂商和品牌进入国际市场，国际话语权较弱(程宝栋等，2015)。需要指出的是，全球价值链上的"雁阵"格局(即进口替代战略与出口导向战略的有机结合)为中国等发展中国家产业升级提供了可能(刘仕国等，2015)，发展中国家可利用"干中学"效应和创新效应向价值链高端攀升进而实现产业升级，也就是说当前的木材产业同样可以通过全球价值链攀升进入国际分工的高端环节实现产业升级。

1.1.2 问题的提出

基于上述研究背景，本文认为，首先，木材产业作为国民经济中重要的绿色产业，必须由资源消耗型、贴牌生产转变为集约化、品牌化创新生产，从而摆脱"低端锁定"的桎梏。其次，随着木材产业全球价值链分工的不断深化，原本具有比较优势的低成本经营被国际竞争所侵蚀，若想提升产业综合竞争力的最有效途径就是实现升级。而产业升级包括两个层面，一是价值升级，即行业内部低附加值产出向高附加值产出的过程；二是产业间的结构转化或转型，例如由劳动密集型转向资本技术密集型行业(苏杭、郑磊等，2017)。

本文要考察的是第一个层面，在木材产业嵌入全球价值链分工体系下，即通过产品附加值、产业增加值的提升，实现木材产业全球价值链的升级。具体包括木材产业的贸易收益增长，国际分工地位攀升和掌握国际话语权。结合全球价值链理论，与之相对应的分别是全球价值链增加值贸易、分工地位和价值链重构等理论上的映射。

基于上述全球价值链理论并结合中国木材产业发展实情，本文以寻求有效路径促进木材产业全球价值链攀升为核心问题，并提出以下几个细分问题进行探讨。首先，在木材产业全球价值链参与现状上，当前木材产业参与方式和程度如何？其参与动因有哪些？其次，在木材产业全球价值链贸易收益上，增加值贸易视角下木材产业贸易收益如何分配，与主要经济体相比有何差异？驱动木材贸易收益增长的因素有哪些？此外，在木材产业全球价值链分工地位上，木材产业在全球价值链分工体系中的地位处于怎么样的水平，与主要经济体对比有何差异？驱动木材产业全球价值链分工地位攀升的因素有哪些？最后，在木材产业全球价值链攀升路径上，基于木材产业全球价值链攀升的驱动力，如何通过价值链重构建立起一条有效的攀升路径？

1.2 研究目的和意义

1.2.1 研究目的

本研究的总体目标是以木材产业为研究对象，全球价值链理论为基础，测度并分析木材产业全球价值链参与现状、贸易收益、分工地位。进一步运用计量经济学方法实证分析木材产业贸易收益增长和分工地位攀升的动力机制，最后验证、推理和提炼出中国木材产业全球价值链重构的可能与路径。以期为中国木材产业政策的制定和优化提供理论参考和政策启示。为达到上述总目标，研究将从以下几个分目标展开：

（1）厘清中国木材产业参与全球价值链分工方式和参与程度，利用实证分析得出木材产业参与全球价值链的动因。

（2）揭橥参与全球价值链分工下的木材产业贸易收益分配规律，得出中国木材产业的真实贸易利益既得并与世界主要经济体进行比较，通过实证分析得出木材产业贸易收益增长的驱动因素。

（3）辨识木材产业在全球价值链中的分工地位与特征，与主要经济体进行比较得出中国木材产业在世界分工地位排名，实证分析木材产业全球价值链分工地位攀升的影响因素。

（4）测度出木材产业在全球价值链视角下的综合竞争力水平，分析其全球价值链重构能力提升(竞争力提升)的条件，提炼木材产业通过全球价值链重构实现攀升的路径并提出相应重构策略及启示。

1.2.2 研究意义

中国木材产业升级问题虽然在学术界有一定研究，但罕有学者以全球价值链视角来考察木材产业升级。一方面，在木材产业嵌入全价值链并不断深化的事实下，以全球价值链视角研究木材产业参与国际分工的特征就显得尤为必要。另一方面，尽管木材产业已嵌入全球价值链中，但贸易利益较低，只赚取了与贸易规模极不匹配的低廉加工费用，在相关木材产业贸易国际规则制定缺乏话语权(侯方淼等，2017)，那么，研究木材产业在全球价值链分工体系中实现升级就显得十分重要。为此，本研究关于木材产业全球价值链攀升的动力机制和攀升路径将具有以下理论和实践意义。

1.2.2.1 理论意义

首先，在已有研究的基础上，研究了木材产业参与全球价值链现状、全球价值链攀升的动力机制和攀升路径，从而形成了研究体系科学、内容完整的木材产业全球价值链攀升的分析框架。

其次，本文在全球价值链视角下，从贸易收益、分工地位和价值链重构三个方面对木材产业价值链攀升机制及其路径进行综合分析，进一步丰富了增加值贸易理论、全球价值链分工地位理论和全球价值链重构理论。与此同时，研究木材产业全球价值链的攀升也丰富了木材产业升级理论。

最后，本文的木材产业全球价值链升级囊括了贸易收益增长、分工地位攀升两个维度的升级，也就是揭示了木材产业在全球价值链分工体系下，"量"和"质"两方面的升级机制，从而为今后的木材产业升级相关研究提供范式参考。

1.2.2.2 实践意义

第一，通过对木材产业全球价值链参与度的测度，有助于了解木材产业参与全球价值链现状与实际参与方式，实证分析其参与度的动因，能够识别中国木材产业嵌入全球价值链的具体作用因素。

第二，运用全球价值链增加值贸易核算方法能够较好地辨识中国木材产业参与国际分工中的真实贸易利得，避免在传统核算体系下的贸易收益测量误差带来的误判，有助于为相关部门制定木材产业政策提供研究参考。

第三，实证分析木材产业贸易收益增长和分工地位攀升的驱动因素，能够准确识别影响木材产业全球价值链攀升的因素，对深刻理解全球价值链下中国木材产业的升级困局有重要的参考意义。

第四，本文最后提出通过木材产业全球价值链重构实现攀升的路径选择和启示可为中国木材产业升级提供明确的策略支持，对促进木材产业实现比较优势的重塑，提升国际话语权具有较强的现实意义。

1.3 分析框架、研究方法和技术路线

1.3.1 分析框架

为了实现研究目标，本节试图构建起一个完整的、逻辑自洽的木材产业全球价值链攀升的分析框架(图1-1)，具体以促进木材产业全球价值链攀升为主线，将本文分为木材产业发展现状、攀升的动力机制和攀升路径选择三大块内容，重点分析木材产业攀升的动力机制和路径选择，最终得出实现木材产业全球价值链攀升切实有效的策略。具体而言，在逻辑思路上主要包含以下几个方面：

在理论分析层面上，本文所构建的全球价值链理论分析框架的核心内容包括全球价值链增加值贸易、分工地位和价值链重构等理论，其中，增加值贸易理论是贸易收益分解的理论基础，分工地位理论是木材产业全球价值链分工地位测度的理论基础，全球价值链重构理论是构建木材产业价值链重构能力(竞争力)的理论基础。

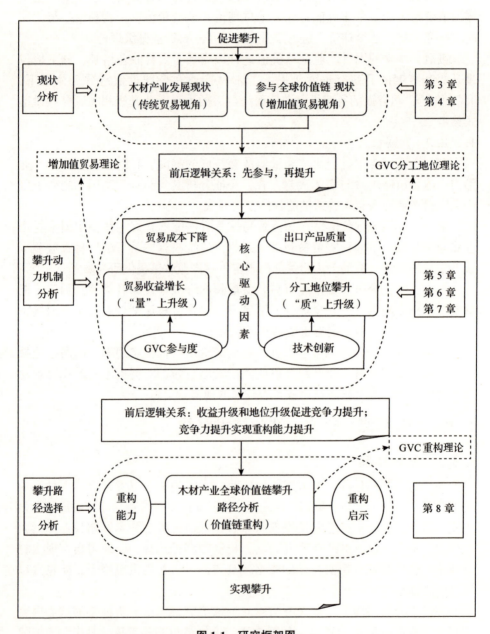

图 1-1 研究框架图
Figure 1-1 Research framework

在现状分析层面上，通过分析传统贸易核算下木材产业贸易发展现状为后文基于增加值贸易核算方式下木材产业贸易实际发展特征做铺垫。探讨木材产业参与全球价值现状和动因，能够较为透彻地得出当前中国木材产业全球价值链参与程度和具体作用因素。

在具体的攀升动力机制分析上，本文从"量"和"质"两个维度的升级来探讨木材产业全球价值链攀升的推力，其中"量"的升级是指贸易收益增长，"质"的升级是指分工地位攀升，通过两个维度的攀升分析得出当前木材产业全球价值链攀升的具体动力机制。

在攀升路径选择分析上，通过构建木材产业全球价值重构能力指标，验证其重构能力掌控的驱动机制，构建木材产业全球价值链重构的路径演化过程，提出通过木材产业全球价值链重构实现攀升的路径启示。

最后，对中国木材产业全球价值链攀升的具体策略做出选择和判断，提炼出促进木材产业提质增效的升级举措，为相关部门制定木材产业、贸易政策提供政策参考和理论依据。

依据上述分析框架，本文主要包含以下研究内容：

第一，木材产业参与全球价值链现状（第4章）。基于增加值贸易视角，运用Wang等（2017a）最新提出的全球价值链参与度指数测度木材产业参与全球价值链程度与参与方式，实证分析驱动木材产业参与全球价值链的动因。

第二，木材产业贸易收益核算及其收益增长的驱动因素（第5章、第6章）。运用Wang等（2013）提出的WWZ总贸易分解方法，采用世界投入产出表数据对中国和世界主要经济体木材产业增加值贸易进行分解测算，得出中国木材产业的真实贸易利益与分配规律并与主要经济体进行比较。进一步实证分析驱动木材贸易利益增长的主要因素。

第三，木材产业全球价值链分工地位攀升的驱动因素分析（第7章）。全球价值链分工地位体现产业处于价值链的高端环节还是低端环节，分工地位的攀升是产业升级过程的重要体现（聂聆，2016）。运用Wang等（2017b）最新提出的全球价值链地位指数测度当前中国及世界主要经济体木材产业全球价值链分工地位，得出中国木材产业国际分工地位特征与世界排名。进一步实证分析驱动木材产业全球价值分工地位攀升的主要因素。

第四，木材产业全球价值链攀升路径分析（第8章）。运用最新的全球价值链产业竞争力指标测度出木材产业在全球价值链视角下的综合竞争力水平，即重构能力。进一步验证木材产业贸易收益增长和分工地位攀升的核心推力是否影响其重构能力(竞争力)的提升，提炼木材产业通过全球价值链重构实现攀升的路径和启示。

1.3.2 研究方法

本研究综合运用定性与定量、实证研究与规范研究相结合的研究方法，主要包括以下方法：

(1)统计描述方法。在本文现状分析部分(第3章)，运用了统计描述方法分析了2000—2014年世界和中国林产品贸易与木材产业贸易发展现状和特点。与此同时，进一步运用显性比较优势指数、劳伦斯指数和出口收益结构指数统计分析了中国木材产业出口的比较优势及其出口贸易结构特征。

(2)投入产出方法。本文有关全球价值链相关指标的测度均基于世界投入产出表展开，因此，投入产出方法是本文构建木材产业全球价值链指标的重要方法。在木材产业全球价值链参与度测度上主要采用Wang等(2017a)通过生产分解模型所构建的全球价值链参与度指数。增加值贸易分解主要采用Wang等(2013)构建的总贸易核算法(WWZ法)。全球价值链分工地位测度主要采用Wang等(2017b)通过生产分解模型所构建的全球价值链分工地位指数。全球价值链重构中的木材产业综合竞争力分析采用Wang等(2013)构建的国际分工显性比较优势新指标(NRCA)。以上指标均以投入产出技术为基础进行测度。

(3)实证分析与规范分析方法。依据不同章节内容实证分析需要分别构建面板数据回归模型，以检验木材产业全球价值链参与度，贸易收益和分工地位攀升的影响机理。具体构建的面板数据模型包括：固定效应模型(FE)，随机效应模型(RE)。此外，还通过规范分析方法总结归纳出木材产业贸易全球价值链参与、收益和分工地位动态变化特征，分析其全球价值链重构动因与条件，提炼木材产业全球价值链重构的具体方式与启示。

1.3.3 技术路线

基于上述分析框架、研究内容和方法，本文设计出如下技术路线(图1-2)：

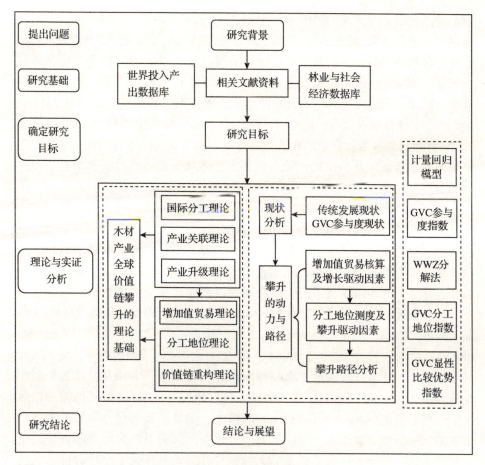

图 1-2 技术路线图
Figure 1-2 Technology Roadmap

1.4 相关概念、研究对象和数据说明

1.4.1 概念界定

1.4.1.1 木材产业

有关木材产业概念的内涵和外延一直是林业产业经济领域的重要主题，对于木材产业的界定和定义，学术界已有不少学者进行过研究，例如，程宝栋（2006）将木材产业定义为"以木质和木材材料为基本原料，通过物理加工后，其产品能够继续保持木材基本属性的产业。印中华（2009）认为，木材产业是以木材原材料为加工或生产对象，运用化学或物理等工艺，将木材生产为各类木质林产品的制造业总称，具体包括木材加工、家具制造和造纸及纸

制品业。此后,项贤春(2010)在印中华(2009)的基础之上,对木材产业的内涵进一步进行补充和提炼,他认为木材产业包括三个工业行业,具体为木材加工和竹藤棕草制品、家具制造和造纸及纸制品业。刁钢(2014)提出广义木材的概念,即家具、纸制品以及工业用材等产品生产过程中使用的木质原材料及含木质中间品都应包含在木材的范畴中。依据上述研究结论,结合2017版的《国民经济行业分类》(GB/T 4754-2017)以及参考世界投入产出数据库(WIOD)中对涉及木材产业的相关行业分类,本文认为,木材产业主要是以木材加工业和造纸工业为主的产业,包括生产木质、纸质产品的初级品、中间品或最终品的集合。

1.4.1.2 全球价值链

Porter(1985)在《竞争优势》一书中首次提出价值链,并认为企业创造价值的具体过程由基本活动及支持性活动组成,基本活动主要有制造、营销、运输和售后服务等部分,支持性活动包括人力资源、原材料供应、技术支持和财务等部分,上述相互联系的生产活动或过程组成了企业创造价值的行为链条,即价值链(Value Chain)。此后,Kogut(1985)首次提出了价值增加链(Value-Added Chain),与此同时还提出了全球商品链理论(Global Commodity Chain)的概念。20世纪90年代以来,随着经济全球化进程的加快,商品或产品生产的不同环节被人为地在世界范围内进行分割生产和组装,从而形成了全球商品链(Gereffi, 1999)。在全球商品链的研究上,Gereffi(2001)第一次提出了全球价值链(Global Value Chain)的概念,他将商品和服务贸易看成一个完整的国际贸易治理体系,并认为关于价值链的研究对于发展中经济体的企业和产业政策制定者有重要意义(郭孟珂,2016)。具体关于全球价值链演进脉络如下:

图 1-3 全球价值链概念演进
Figure 1-3 Evolution of the GVC concept

当前,联合国工业发展组织(UNIDO,2002)对全球价值链的定义广为认可,该定义认为:全球价值链是指在经济全球化过程中,一些全球性的跨国企业及其贸易网络组织,将某一产业分布在世界各个环节的价值增值活动进行连接或组合,也就是通过某种治理体系对处于不同国家或地区的同一产业的商品,从研发设计、制造、销售、运输、消费、售后和循环使用等一系列增值过程进行统一连接，最终把所创造的价值按照参与者的特征、贡献进行市场化分配。

1.4.1.3 增加值贸易

传统的贸易总值统计方式主要以核算产品跨越各个关境时的总流量计入进出口贸易额（沈梓鑫、贾根良，2014）。但当前的国际分工生产模式深化，中间品贸易份额逐渐占据主导的背景下，传统的贸易总值统计方式会带来重复统计的问题，从而虚增各国进出口贸易额。因此，有学者根据全球价值链生产分工体系的特征，提出了增加值贸易概念，并以增加值贸易核算的方式重新统计贸易总值，明确了"谁为谁生产"的问题（Daudin 等，2011）。此后，Johnson and Noguera（2012）在概念上给增加值贸易定义为：从产品至最终消费的过程中将在一国生产而被别国最终消费（需求）吸收的增加值定义为用于出口的增加值，即增加值贸易的本质。也就是说，增加值贸易实际上是分析最终消费品的价值来源问题，其国内某产品价值被国外消费的部分构成了增加值出口额（葛明、赵素萍，2017）。综上，增加值贸易实际上是一种贸易流量的统计口径或方式，主要统计本国生产并被出口或消费的价值，需要剔除该产品生产过程中进口国外材料的价值，从而反映了一国某产品的真实贸易总价值。

1.4.2 研究对象界定

本文研究主体为木材产业，具体依据经济合作与发展组织（OECD）最新开发的 2016 版世界投入产出数据库（WIOD）中的世界投入产出表（WIOTs）行业部门分类标准，并参考既有做法（蒋业恒、陈勇等，2018）选取 WIOTs 中的 C7 部门：木材、木制品和软木制品的制造，藤草加工编织制造，以下简称木材加工业；C8 部门：纸和纸制品的制造，以下简造纸业，木材加工业和造纸业的集合统一称为木材产业。

鉴于木材产业全球价值链的相关研究较少，本文在对研究对象进行界定的同时，对木材产业全球价值链也进行了梳理，图 1-4 是一条简化的木材产业全球价值链，主要包括原料、制造和销售三个核心环节，不同国家或地区参与了不同环节上的分工。需要指出的是，每个环节还包含不同层次的分工，分工层次越高，其国际竞争力越大，在链条上起支配作用越强（Gereffi，2001）。已有研究表明，处于制造环节的核心设计商和销售环节的核心分销商往往位于价值链的高端环节，拥有较强的国际话语权（Koopman 等，2012）。

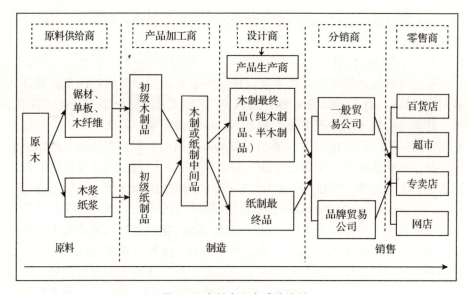

图 1-4 木材产业全球价值链
Figure 1-4 Timber Industry Global Value Chain

研究样本国家或地区主要包括WIOTs中的主要43个经济体（包括中国在内），依据OECD发达国家与发展中国家分类标准，将43个样本经济体划分为发达经济体和发展中经济体，具体研究样本分类如下：

表 1-1 研究样本
Table 1-1 Research samples

类型	发达经济体	发展中经济体
名称	美国、法国、英国、日本、德国、加拿大、意大利、瑞典、芬兰、丹麦、挪威、荷兰、比利时、瑞士、奥地利、土耳其、澳大利亚、希腊、韩国、爱尔兰、卢森堡、葡萄牙、西班牙、中国台湾	中国、巴西、塞浦路斯、匈牙利、捷克、爱沙尼亚、保加利亚、克罗地亚、印度尼西亚、印度、立陶宛、拉脱维亚、墨西哥、马耳他、罗马尼亚、波兰、俄罗斯、斯洛伐克、斯洛文尼亚

另外，需要说明的是，在实证分析过程中由于塞浦路斯、马耳他和中国台湾三个经济体的社会经济变量数据以及林业行业变量数据难以获取，因此在实证分析中舍去上述三个样本，但在全球价值链相关指标测度中由于数据能够支撑，予以保留。

1.4.3 数据来源说明

本研究有关全球价值链指标构建包括木材产业全球价值链参与度、增加值贸易收益、分工地位和显性比较优势等指标的数据均来源于最新2016版世界投入产出表(WIOTs)和对外经济贸易大学全球价值链研究院,2016 版 WI-OTs 数据是当前最新版本,该数据库按照国际标准工业分类修订版第 4 版 (ISIC Rev. 4)进行分类。涵盖 2000—2014 年世界主要 43 个国家和地区以及世界其它经济体的 56 个行业部门数据。有关实证分析所需要的林业行业和社会经济方面的数据时间跨度与上述 2016 版数据时间跨度保持一致,均为 2000—2014 年,主要来源于以下数据库:

表 1-2 林业行业与社会经济数据库
Table 1-2 Forestry industry and social economic database

序号	数据库	网址
1	联合国粮农组织林业统计年鉴	http://www.fao.org/forestry/statistics/80570/zh/
2	中国林业统计年鉴	http://data.cnki.net/Trade/yearbook/single/N2018040122? z=Z010
3	立木统计数据/分析平台(EPS)	http://olap.epsnet.com.cn/index.html
4	世界银行(World Bank)	http://www.shihang.org/
5	联合国统计署数据	http://www.un.org/zh/databases/
6	国际货币基金组织(IMF)	https://www.imf.org/external/index.htm
7	世界能源数据库	https://www.sogou.com/link? url = hedJjaC291MjeHfR-j8SBQOHMxJOZ5zGXlct3EgN7WZuGGn0nqLfow.
8	CEPII 数据库	http://www.cepii.fr/CEPII/en/bdd _ modele/presentation.asp? id=6
9	WIOD 网站社会经济数据库(SEA)	http://www.wiod.org/database/seas16
10	中国国家统计局网站	http://data.stats.gov.cn/

1.5 本研究的创新之处

本文为研究木材产业升级提供了新的全球价值链视角,并结合中国木材产业实情进行分析,提出了新的经验证据,主要的创新点可归纳为以下几个方面:

(1)基于国际分工、产业关联和产业升级等理论基础上,引入了增加值贸易、全球价值链分工地位和全球价值链重构等全球价值链理论,刻画了木材产业在参与全球价值链下实现攀升和攀升路径选择的理论机制。

(2)识别了木材产业参与全球价值链的动因,利用中国与世界 39 个贸易伙伴国的面板数据进行实证分析,为木材产业参与全球价值链的驱动机理提出经验证据。

(3)从"量"(贸易收益)上升级和"质"(分工地位)上升级两个维度来综合检验木材产业全球价值链攀升的驱动原理并利用中国与世界 39 个贸易伙伴国

的面板数据进行实证分析,识别了木材产业在全球价值链分工体系下贸易收益增长和分工地位攀升的具体作用因素,刻画了木材产业全球价值链攀升的动力机制并提供了相应经验证据。

(4)从全球价值链重构视角来考虑木材产业的攀升路径,同时构造了全球价值链重构能力指标,梳理了木材产业贸易增长、分工地位攀升与全球价值链重构能力提升的关系。通过实证分析识别了驱动木材产业重构能力提升的核心因素,进一步设计出木材产业通过价值链重构实现攀升的具体策略和思路,丰富了木材产业升级理论和全球价值链重构理论。

Chapter 2 第 2 章
相关理论与文献回顾

2008年国际金融危机后,全球各国经济此消彼长,包括中国在内的世界主要国家均提出各自的制造业产业升级的举措,如美国、英国、日本、法国等提出了"再工业化",德国的"工业4.0"计划,中国也提出了《中国制造2025》等计划(裴长洪、于燕,2014;孙乐强,2017)。对于中国来说,强调制造业整体提升将是未来发展的重要基调,通过促进制造业升级来提高国际竞争力已成为必然趋势(刘斌、魏倩等,2016)。那么,中国制造业升级的具体途径究竟有哪些?哪种途径最为有效?关于上述议题学界多数学者认为,当前制造业国际分工格局已出现重大转型,全球价值链分工模式已经成为经济全球化与国际分工的新常态,是促进发展中国家产业升级的重要路径(Baldwin and Lopez-gonzalez, 2013;Mattoo 等,2014;张杰、郑文平,2017)。目前,中国是嵌入全球价值链分工体系最深的发展中经济体之一,全球价值链及其加工贸易模式对中国经济增长和制造业升级所起到的诸多正面效应不容否认(裴长洪,2013)。作为制造业中的重要一环,木材产业已成为中国社会经济发展中的常青产业,在国民经济中占有不可替代的地位(中国林业发展报告,2013),并且中国已成为世界木材产业规模最大的国家之一(杨超、程宝栋等,2017)。因此,综述木材产业全球价值链攀升的理论基础和其它行业的经验研究对支撑本文研究理论框架构建具有重要意义。文章研究综述部分安排如下,首先,对本文研究中国木材产业全球价值链攀升的理论基础进行整理;第二,追踪全球价值链理论研究的最新进展;第三,对全球价值链升级相关经验研究进行归纳分析;第四,文献评述。

2.1 相关理论

2.1.1 国际分工理论

亚当·斯密(Adam Smith)1776年首次在《国富论》一书中提出了国际分工概念，并认为分工生产是随着生产力的提高而不断发展，分工可以提高劳动生产率(吕冠珠，2017)。分工生产的概念提出以来，分工生产在方式上已经由手工分工生产转变为机器(工业)分工生产，可以分为以下三个时期：产业间分工时期，产业内分工时期和产品内分工时期，在分工协作上逐渐走上更为细化的分割生产轨迹。首先，产业间分工具体以不同产业之间的产品生产分工，主要以亚当·斯密的绝对优势理论、大卫·李嘉图的比较优势理论和赫克歇尔-俄林的要素禀赋理论为基础(叶庆鹏，2009)。

其次，产业内分工是以产业间分工为基础演化而来，其国际分工的形式由原本的部门间专业化生产转化到部门内专业化生产。主要由第三次科技革命(20世纪40至60年代)带动了生产力的提升，进而拉开了不同产业部门之间的专业化生产水平和差异，从而产业部门内的产品生产过程也更加复杂化，需要分割协作生产。产业内分工主要以不完全竞争和规模经济等理论为基础。

最后，产品内分工的具体表现形式即为全球价值链分工生产，是当前国际分工的最新形式，以全球生产协作为基础，共同完成某一产品的生产，具体产品的生产过程被全球各自具有比较优势的国家或企业分割为不同的生产工序或环节进行组合生产，通常情况下，发达经济体往往占据生产工艺最为复杂或附加值较高的生产环节，而发展中经济体则以自身资源禀赋的比较优势嵌入较为简单和低附加值的生产环节。产品内分工主要以比较优势、规模经济和全球价值链理论为基础。本文研究有关国际分工的主要理论基础是基于全球价值链分工理论为核心的新国际分工理论。

2.1.2 产业关联理论

产业关联理论亦称为投入产出理论，基本原理是通过投入产出表分析一国或地区某一时间内的再生产过程中行业间的技术经济关系。美国经济学家里昂惕夫在1936年的研究成果《美国经济制度中投入产出的数量关系》和1941年著作的《美国经济结构，1919—1929》等研究中，系统介绍了"投入产出分析"的具体内容(马明、林秀梅，2011)，其核心思想是分析产业内部的不同部门间中间需求和中间投入的关系。经济学家阿尔伯特·赫希曼(Albert Otto Hirschman)在上述研究基础上提出了产业关联的概念，并依据不同产业部门间的关系或联系将产业关联划分成前向关联和后向关联两部分。具体而言，前向关联的含义为上游产业或部门对下游产业或部门的中间投入或与直接消耗本部门中间投入的部门间的关联。后向关联即下游部门与向其提供中间投入的部门之间关联。本研究以产业关联理论为基础的分析主要是基于里昂惕夫(Leontief)的投入产出模型，其核心是以里昂惕夫矩阵为基础设计的投入产出表。

2.1.3 产业升级理论

产业升级理论源于产业经济学理论，早期的产业升级理论以西蒙·库兹涅茨(Simon Smith Kuznets)为代表，其主要思想是考察三次产业(农业、工业和服务业)收入和劳动力比重的变化来描述产业升级现象。此后，华尔特·惠特曼·罗斯托(Walt Whitman Rostow)提出主导产业部门理论，认为主导产业的高速发展会带来更多的生产要素需求和技术进步，进而提升该产业及相关产业的发展。20世纪80年代，保罗·罗默(Paul M. Romer)罗伯特·卢卡斯(Robert E. Lucas)分别提出内生经济增长模型和人力资本模型，证明了除了资本与劳动要素外，人力资本和技术进步与产出呈正向关系，因此，上述理论模型被广泛用于产业升级的研究，构成了产业升级的重要支撑。随着经济全球化的发展，各产业的产品生产逐渐依赖于全球生产网络，传统的产业升级理论已无法佐证全球价值链下产业竞争力提升的规律，为此，有学者基于价值链理论出发提出了国家竞争优势学说，较有代表性有迈克尔·波特(Michael E. Porter)。Gereffi(1999)基于价值链理论丰富了产业升级的新内涵，他认为产业升级包括生产升级、生产组织升级和市场升级。具体产业升级的机理即是利用劳动、资本等资源促进产业向技术进步以及全要素生产率提升的过程来实现产业收益增长(Gereffi, 2002；吴海英, 2016)。当前，在全球价值链视角下，部分学者从增加值增长出发，指出产业升级是指市场主体(国家或企业)的某一产业在分工生产条件下，采用提升技术水平，优化要素投入等方式提升产业收益，同时提高单件产品生产效率和价值增值，进而实现产品利润可最大化(刘仕国, 吴海英等, 2015；吴海英, 2016)。本文研究的理论基础主要为新产业升级理论，即基于波特、Gereffi和刘仕国等学者从价值链和全球价值链升级视角出发的产业升级理论。

2.2 国内外研究综述

2.2.1 全球价值链理论研究进展

全球价值链理论是融合宏观和微观两个层面来审视一国产业或企业发展的一个新兴理论，是系统解决全球价值链攀升问题的重要支撑理论，围绕这一理论的内涵及其外延，国内外学者进行了大量的研究，依据本研究的实际需要，本部分主要针对全球价值链驱动机制，贸易利益，分工地位和重构等理论研究进展进行归纳分析。

2.2.1.1 全球价值链升级内涵

在上文梳理全球价值链升级理论的基础之上，有必要厘清产品价值升级、价值链升级、全球价值链升级更为细致的联系。首先，产品价值是指产品生产过程中要素投入的含量包括劳动、资本和时间投入，其升级是附加值提升的过程(Tsai and Ghoshal, 1998)。其次，价值链是指企业参与某种产品的分工生产，每个分工环节结合一起就成为一条完整的产品生产链，而生产过程中正是投入转化为产出的过程，所以也叫价值链，其升级过程同种产品经历不同生产阶段，增加值不断增长的过程(Kaplinsky and Morris, 2000；Gereffi 等，2001)。最后，如果某一产业价值链上的生产者分布在不同的国家或地区，该条价值链就成为全球价值链，增加值增加、分工地位提升和治理能力掌控是其升级的具体反映(Gereffi, 1999；Kaplinsky 等, 2002；吴海英, 2016)。

在全球价值链升级的具体内容上，Gereffi(1999)认为主要包括四个方面：工艺流程升级、产品升级、功能升级和链升级(郭孟珂, 2016)。上述四层升级模式的顺序如下：工艺流程升级-产品升级-功能升级-价值链条升级(Kaplinsky 等, 2002；吴海英, 2016)。不过产业的价值链升级可以借助技术创新快速实现从价值链低端环节向高端环节攀升，从而不必遵循传统的升级顺序(Cattaneo 等, 2013)。另有研究认为，产业只要积极参与全球价值链即可，再通过学习、创新实现攀升，不必介意是否在一开始就嵌入价值链的高端或低端环节(Choi, 2015)。

在全球价值链升级的具体渠道上，多数学者认为国际贸易和国际投资是实现产业嵌入全球价值链中并促进产业升级的主要途径(Gereffi, 1999；刘仕国、吴海英等, 2015)。具体而言，国际间的同一产业的服务贸易或中间品贸易促进了产业的技术创新和知识积累，进而加快了产业升级的速度(刘仕国、吴海英等, 2015)。在国际投资方面，国际投资为东道国带来了新产品、技术、管理和行业标准，全球价值链正是借助国际投资促进了被投资国的产业和企业实现升级(Gorodnichenko 等, 2009；Cattaneo 等, 2013)。

2.2.1.2 全球价值链的驱动机制

全球价值链的驱动机制决定了全球价值链的"链主"，进而影响全球价值链参与、升级以及重构或治理路径(熊英、马海燕等, 2010)。Gereffi and Korzeniewicz(1994)依据价值链驱动者的差异，将全球价值链驱动类型划分为"生产者驱动"和"购买者驱动"两类。具体而言，生产者驱动是通过生产者的要素投入来促进市场需求，并逐渐演变为全球生产者分工生产供应的垂直专业化分工体系，这里的生产投资者或是具有技术优势、寻求市场扩张的跨国企业，或是通过促进区域或一国的产业经济发展，构建自主工业生产体系的国家或地区政府。另外，购买者驱动指的是具有较强品牌优势和灵活多样销售渠道的跨国公司，以全球采购和国际代工生产等方式组织起来的国际商品贸易流通渠道，最终形成巨大的市场需求，从而促进世界上以出口为导向的发展中经济体的工业化、国际化（刘伟全、张宏，2008）。具体两种类型驱动的特征见表2-1。

表2-1 生产者和购买者驱动的全球价值链比较
Table 2-1 Producer and buyer driven global value chain comparison

类型	生产者驱动	购买者驱动
动力来源	生产	资本
核心优势	研发与制造	设计与营销
进入阻碍	规模经济	范围经济
产业分类	耐用消费品、中间品、其它最终品	非耐用消费品
经典产业部门	汽车、计算机、航空器等	服装、玩具等
企业业主	跨国公司	普通外贸企业

注：参考胡军（2006）、倪敬娥（2012）和张平（2013）的研究整理。

2.2.1.3 全球价值链贸易利益

贸易利益议题历来是国际贸易领域的核心研究问题之一，传统贸易理论下，既有研究一般采用贸易差额、价格等指标来分析国际贸易收益（Gereffi，1999；Hummels等，2001）。而全球价值链分工体系颠覆了传统贸易收益的获取和分配机制，使得贸易利益从来源、获得主体到测度、分配等方面都发生改变（李宏艳、王岚，2015）。

从贸易利益来源来看，全球价值链下的贸易利益来源更加多样化，由于产品不再是由一国制造而是由世界制造，因此，除常规的贸易本身带来收益外，更多的贸易利益来源于跨国生产（UNCTAD，2013；Manova and Yu，2014；Kowalski等，2015；Miroudot，2016）。但也有研究认为以跨国生产所带来的利润来表示贸易收益存在不足，首先，多数进出口贸易都是通过跨国公司带来的外商投资产生的，从而使大部分利润应该归为外资（李磊、刘斌等，2017），其次，外商直接投资给企业从业人员带来的工资，给地方政府交纳的税收和地租等收益属于东道国，但这部分收益难以准确测度（李宏艳、王岚，2015）。

从贸易利益的获得主体来看，贸易利益主要表现在本国或地区要素在参与国际分工过程中获得的要素报酬及相关回报，同时产生了贸易的要素含量。由于价值增值与要素报酬高度相关，因此以上述要素回报的角度来辨识贸易利益更为精确，同时也使全球价值链视角下的贸易收益的获得的主体更为具体(Bacchiocchi 等，2012；Kowalski 等，2015；李宏艳、王岚，2015)。从贸易利益分配来看，全球价值链视角下的贸易收益在国家、企业和要素间的分配糅合交错，因此，从更为细致的要素层面观察才能清晰地得出贸易收益的最终归属(吕婕、向龙斌等，2013；李宏艳、王岚，2015；葛明、赵素萍等，2016)。

2.2.1.4 全球价值链分工地位

有关全球价值链分工的概念，有学者分别用不同的学术术语概括，如"对价值链的切片化"(Krugman，1996)，"垂直专门化"(Feenstra，1998)，"垂直专业化分工"(Hummels 等，2001)，外包(Grossman and Helpman，2002)等(张平，2013)。波特(1985)最早提出了价值链理论并注意到产业内部企业间价值链分工现象。在波特的研究基础上，有学者进一步提出了全球价值链分工的驱动机制，将驱动全球价值链分工的类型分为生产者和买者两种驱动类型(Gereffi，1999)。在了解全球价值链分工的驱动机制后，Kaplinsky 等(2002)认为，各国或地区产业部门在产品的各个价值环节的分工生产促进了各自的比较优势充分施展。

国内研究认为全球价值链分工的真实内涵在于：首先，从贸易对经济增长的贡献来看，正是全球价值链分工差异才导致出口部门产生的国内增加值存在差异，而价值链分工地位越高的出口产业部门，相对而言更能促进本国经济增长，而价值链分工地位相对越低的出口产业部门，对于经济增长的贡献水平也就越低(黎峰，2015)。其次，以贸易增长的动力来看，较低水平的价值链分工地位意味出口国的出口贸易增长主要是建立在大量进口中间品的基础之上，称之为"外源型"贸易增长类型；较高水平的价值链分工地位意味出口国的出口贸易增长主要建立在本国生产能力的基础之上，称之为"内生型"贸易增长类型(黎峰，2015；聂聆，2016)。

2.2.1.5 全球价值链重构

Gereffi(1999)首次提出了全球价值链重构(Restrucring of Global Value Chains)的概念，此后，随着全球价值链理论的发展，相关研究逐渐丰富。早期有关全球价值链重构的研究认为，新兴经济体唯有打破现有国际分工的模式才可能脱离现有价值链低端环节，而打破现有国际分工模式需要自身核心竞争力和掌握价值链话语权(Bell and Albu，1999)。另有研究在南-北国家(即发展中国家和发达国家)中发现部分国家已由专门从事成品装配或贴牌生产活动转向上游产业链的投入活动，在经济全球化背景下为赚取更多贸易收益而改进生产方式和全球价值链中的角色(Koopman 等，2010)。而后，Milberg and Winker(2010)将重构分为垂直和水平两种重构形式，并具体分析了两种重构的形式差异,他们认为垂直重构形式主要受技术进步和市场规模减小影响,水平重构形式则是因为市场经济不振而导致部分供应商被挤出市场。综上,依据上述研究来看,当前需要进行全球价值链的主体一般为发展中国家或相关产业处于全球价值链低端的经济体,其重构的动因源于产业或企业国际分工中处于的不利地位和微薄收益,重构的必要条件是构建起核心竞争优势,具体实现方式包括垂直和水平重构两种。

2.2.2 全球价值链攀升经验研究进展

既有研究认为,全球价值链攀升是指价值链上处于跟随地位的经济主体在全球生产网络中从低附加值生产活动向高价值生产活动提升的过程(Gereffi等,2005)。国内关于全球价值链攀升较为代表的释义认为:产业或企业在参与全球分工生产过程中,随着高质量生产要素的投入,其产品附加值不断提高,进而攀升到价值链的高端环节,从而有助于企业实现利润可持续最大化以及谋求市场竞争中的比较优势,进而达到升级的目的(张辉,2006)。

2.2.2.1 全球价值链升级研究

不可否认的是,无论是通过国际贸易还是国际投资来作为全球价值链促进产业升级的渠道,全球价值链的下游产业或企业能够学习上游产业或企业知识的多寡,取决于下游产业或企业自身的人力资本和技术研发能力积累(王敏、冯宗宪,2013;顾婷婷,2016)。现有研究多数从宏观产业和微观企业层面研究了全球价值链升级及其相关研究,具体见表2-2。

表2-2 不同研究主体下的全球价值链升级

Table 2-2 GVC upgrade under different research subjects

研究主体	研究文献
产业层面	对于中国制造业产业来说,垂直专业化生产与其全球价值链升级关系的研究中发现,制造业垂直专业化分工水平与其全球价值链升级趋势呈倒"U"型关系(马红旗、陈仲常,2012) 首先,构建自主的价值链体系是促进产业全球价值链升级的重要渠道(俞荣建,2009) 其次,研发环节是影响战略性新兴产业全球价值链升级的关键环节,R&D经费和人力资源投入对产业全球价值链升级具有重要作用(黄蕙萍、尹慧,2016) 另外,行业和国家层面的OFDI逆向技术溢出对全球价值链升级呈现促进效应,行业全要素生产率提升、贸易规模扩大均对行业全球价值链的升级具有显著的促进效应(杨连星、罗玉辉,2017) 此外,对外直接投资促进了中国制造业全球价值链升级,提升了高技术制造业全球价值链的分工地位,但对中低技术制造业的全球价值链升级没有显著影响(李超、张诚,2017)

(续)

研究主体	研究文献
企业层面	在具体案例分析上，刘立、庄妍(2013)通过华为公司的案例研究认为技术创新与研发是攀升价值链高端的重要驱动力 针对企业全球价值链升级的渠道和驱动因素，首先，低端嵌入全球价值链的发展中国家企业可以通过对外直接投资实现价值链升级(辛晴、刘伟全，2011) 其次，技术、规模经济效应、出口规模对企业全球价值链升级具有重要影响(陈仲常、马红旗等，2012) 另外，企业家经营能力、人力资本、技术创新水平、知识积累和资本等因素对企业全球价值链升级有正向促进作用(韩明华、陈汝丹，2014)

2.2.2.2 全球价值链参与程度研究

全球价值链参与程度一般指国家或行业(部门)参与国际分工生产的程度或水平(Gereffi and Korzeniewicz，1994)。最初，垂直专业化(VS)是被认为各国行业参与国际分工生产的重要过程，这一过程要满足三个条件：一是每个产品制造了两个及以上的步骤，二是具有超过两个及以上国家参与该产品的价值创造，三是最少一个国家的进口产品作为中间品使用并出口到国外(Gereffi and Korzeniewicz，1994；Hummels 等，2001)。当前，发达国家主导了知识和技术密集型产业，而新兴经济体主要主导了劳动力和资源密集型产业(宋泓，2013)。新兴经济体或企业追随发达经济体的产业和企业参与国际分工，具有节约成本，技术经验积累等优势，通过"干中学"效应和创新效应能够快速实现产业升级(刘仕国、吴海英等，2015)，因此，积极参与国际分工生产是实现价值链攀升的重要途径。

在研究方法上，早期有关全球价值链参与程度的研究多数借鉴 Hummels 等(2001)提出的全球价值链参与指数来定量分析一国或部门全球价值链的参与程度。此后，Johnson and Noguera(2012)运用多国、多边贸易的分析框架，利用国内增加值出口占本国总出口的比重(VAX)来定义垂直专业化程度。而 Koopman 等(2010)在增加值贸易理论的基础上构建了全球价值链参与程度的测度指标，进一步修正了 VS 和 VAX 等指标的不足，不过 Koopman 构建的全球价值链参与度只适用于国家层面，行业层面难以测度。为此，Wang 等(2017a)进一步延伸了这一方法，建立了生产分解模型，重新定义了新的全球价值链参与程度，即可以通过前向联系和后向联系两方面来检视一国或部门参与全球价值链的特征，弥补了 Koopman 等(2010)开发的只能通过增加值贸易出口分解模型来确定国家或部门的全球价值链参与程度，忽略了国民经济活动中其他环节在价值链中的影响。

在具体的研究中，相关研究表明，中国的全球价值链后向参与度要高于前向参与度，并且这种前后向的参与度差距呈现逐年扩大的趋势，说明当前中国主要以产业链的下游生产者角色来参与全球价值链分工体系中（佘群芝、贾净雪，2015）。有学者在评估世界贸易总额前十国家（地区）的全球价值链参与程度中发现，中国在主要贸易国中高居全球价值链参与程度第一，但国际分工地位处于偏后地位（陈立敏、周材荣，2016）。另有研究在中国服务业领域的全球价值链参与程度与地位的关系与上述研究相似（王厚双、李艳秀等，2015；乔小勇、王耕等，2017）。需要指出的是，参与全球价值链既能促进本地区的经济增长，也能通过空间溢出效应促进其他地区的经济增长（苏丹妮、邵朝对，2017）。

针对参与全球价值链参与的驱动因素，有研究表明，国际分工的就业效应、利益分配效应、技术进步效应是影响全球价值链参与的重要因素（卢仁祥，2013）。左宗文（2015）研究发现，母国制造业参与全球价值链分工时受东道国知识产权保护的影响较大。另有研究认为，中国通过"进口、生产"和"进口、出口"等模式，而外商投资成为驱动中国参与全球价值链分工体系最重要的力量之一（林桂军、何武，2015）。另外，多数研究还发现贸易壁垒，母国外贸依赖程度，人力资本，研发强度，制度，基础设施，区域经济合作，经济发展水平，关税，产品价格是影响一国或产业参与全球价值链的重要因素（曾寅初、曾伟等，2012；Basnett and Pandey，2014；马风涛，2015；Miroudot，2016；Song and Wang，2016；刘敏，2017；徐安，2018；陈莹，2018；牛蕊、郭凯顿，2018；倪红福、龚六堂等，2018）。

2.2.2.3 增加值贸易视角下贸易收益研究

在全球价值链分工模式下，准确量化一国或地区某产业的贸易收益和分配结构有助于掌握该产业的真实贸易收益既得，也有利于为该国或地区采取有效的贸易政策提供依据参考。

首先，全球价值链下的贸易收益内涵表现在以下方面：①全球价值链视角下，贸易收益来源更加多样化；部分学者认为当前多数贸易收益来源于跨国生产（Mcgrattan and Prescott，2009；Ramondo and Rodríguez-Clare，2013），上述研究认为，贸易是对跨国生产的补充、而全球分工生产是进一步促进贸易发展的动力。②贸易收益分配复杂化；相对于传统的分工生产模式，全球价值链分工生产促进了要素和中间品在国家之间的组合或流动。产品生产的各类要素和服务通过多次、反复跨越国界进行整合输入，使得其产品的最终贸易收益归属变得错综复杂，简单统计出口总额无法辨识出口国的真实收益部分，从而导致在同一产业价值链上的不同国家间的贸易收益统计不清，甚至产生贸易纠纷（闫克远，2012；郭秀慧，2013；张幼文，2017）。

其次，在贸易收益测度方法上，随着对全球价值链理论研究的深入，以国际贸易为依托的增加值贸易视角下的贸易收益测度方法成为关注的焦点（Hummels 等，2001；Koopman 等，2010）。具体来看，主要有以下几种测度方法：①垂直化贸易测度方法，Hummels 等（2001）定义垂直专业化的概念，并首次构建了垂直专业化的基本量化方法，学界称之为 HIY（2001）方法。但 HIY（2001）方法有两大不足，一是设定了一国或地区进口的中间品不会用于简单加工成半成品再进行出口，但现实却与之相反，并且，一国从国外进口的中间品中也有可能包含本国的增加值。二是认为进口的中间产品会平均分配式地用于生产内销品和出口品，但这种设想在以出口为导向的加工贸易国中存在的可能性极低（Koopman 等，2010）。为此，部分研究在 HIY（2001）方法的基础上构建了新的指标来表示垂直专业化贸易，如 Wang and Wei（2010）扩展了 HIY（2001）关于垂直专业化的度量方法，并建立了基于国际投入产出模型的增加值贸易核算框架，初步厘清了一个包含多国同一产业生产链上的增加值分配。②KPWW 增加值贸易分解方法，Koopman 等（2010）在垂直专业化方法和 Wang and Wei（2010）方法基础上，继续运用世界投入产出框架并分解出了一国或地区出口价值的具体来源，并将其来源结构划分为 9 个部分，形成了 KPWW 分解法。③Wang 等（2013）基于 KPWW 分解方法，提出了 WWZ 方法，WWZ 方法有效解决了 KPWW 方法只能分解国家间的增加值，不能分解到部门层面的缺陷，并最终将增加值来源结构划分为 16 个部分，真实地反映了一国或部门间的实际贸易收益。不过，Wang 等（2017a）又将全球价值链分析框架从出口阶段延伸到了生产阶段，提出了生产分解模型，实际上是 WWZ 方法的补充版。因此，从现有数据以及国家到部门层面的贸易收益测度实际需要来看，WWZ 分解方法实际上已达到完善地步（倪红福，2018）。

另外，围绕全球价值链视角下产业贸易收益增长的影响因素上，学界已有一定研究，部分研究认为不同发展水平国家间存在的技术差距是影响贸易收益的主要因素（Kaplinsky，2000；Giuliani 等，2005）。Mark and Dallas（2015）研究发现，要素禀赋，技术和规模报酬，企业异质性等因素对出口贸易增加值具有一定影响。另有学者发现金融危机对制造业出口增加值有明显负影响（Lu，2017）。国内有学者研究表明，资本与劳动投入的比值，研发投入等对贸易收益具有显著影响（林玲、余娟娟，2012）。祝坤福等（2013）通过研究发现，加工出口额比重、加工出口和非加工出口商品结构、各行业直接出口增加值率和技术系数等都是影响出口国内增加值的重要因素。另外，FDI、品牌影响，全要素生产率，要素禀赋结构，政府补贴，技术进步，垂直分工度，规模经济以及出口规模等均对出口贸易增加值具有一定影响（张杰等，2013；

巫强等，2013；吕婕等，2013；郑丹青、于津平，2014；黎峰，2014）。

最后，木材产业贸易收益相关研究。当前围绕木材产业全球价值链下的贸易收益研究相对较少，仅有的研究以林业上市公司价值链贸易核算相关研究为主，如侯方淼等（2017）利用2001—2015年中国林业上市公司数据测度了相关公司的出口贸易增加值，在此基础上进一步得出了中国林业上市公司出口贸易国内增加值率。此外，基于增加值贸易理论，姚茂元、侯方淼等（2016）针对亚太地区的林产品出口贸易进行核算，并发现在亚太地区，中国出口林产品贸易收益获取相对较少。已有研究只对林产品企业和部分出口林产品的贸易收益进行了测算，而针对木材产业层面的宏观研究相对不足，未来可加强木材产业嵌入全球价值链下贸易收益分配以及对产业升级的影响等相关研究。

2.2.2.4 全球价值链分工地位研究

准确有效地测度出一国或地区某产业在全球价值链中的分工地位关系到相应产业政策的制定，也是影响企业转变发展模式实现价值链攀升的重要依据。值得注意的是，产业全球价值链分工地位的高低，直接反映了产业价值链升级的方向，是向中低端、中端，还是中高端或是高端升级，均由其价值链分工地位来体现。

首先，针对全球价值链分工地位攀升内涵，已有研究表明，发达国家弥补部分比较优势的不足，会将其产业的非核心环节进行外包生产，而发展中国家可以通过这一契机，通过接收相应发包订单方式参与全球价值链，并通过"干中学"效应在既有分工地位上塑造自身核心优势（Gereffi，1999）。针对发展中国家全球价值链分工地位升级，Sturgeon（2001）认为，发展中国家需要从市场扩张能力、技术创新能力两方面的综合提升来实现分工地位的升级（吕冠珠，2017）。国内关于全球价值链分工地位也有一定研究，许树辉（2011）发现，在参与全球价值链分工过程中，通过嵌入跟随式和自主创新式并举可实现价值链分工地位升级。此外，刘仕国等（2015）认为全球价值链地位升级就是产业升级的重要内容，嵌入全球价值链地位的高低决定着产业的价值链条控制能力，地位越高，控制能力越强越能促进产业升级。另有研究分析了全球价值链嵌入地位与分工地位之间的关系，并讨论价值链升级对各国产业升级幅度的影响（魏龙、王磊，2017）。

其次，全球价值链分工地位测度方法主要有以下几类：①垂直专业化指数；Hummels等（2001）提出了垂直专业化指数，但垂直专业化指标作为反映一国或地区某产业参与垂直专业化分工程度的具体方法，一般仅对参与程度进行量化，而参与程度的深浅并不能代表分工地位的高低，因此垂直专业化指数也难以反映全球价值链的分工地位(Koopman 等，2008；Dean 等，2011；Dietzenbacher，2015)。②附加值贸易测度法，附加值贸易方法可以体现一国或地区某产业出口商品中对中间品的依赖度，也可以有效测度一国或地区出口的最终品中包含的间接附加值及再进口附加值(Daudin 等，2011；聂玲，2016)。但用上述附加值方法并不能详细分解出这些附加值分布于哪些生产环节，进而就无法识别一国或地区某产业是否处于价值链的高端还是低端分工地位(聂玲，2016)。③全球价值链地位指数，在 Daudin 等(2011)研究附加值分解的基础上，另有学者构建了能真实反映一国或地区某产业在全球价值链中的分工地位指标，即全球价值链地位指数(Wang and Wei，2010；Koopman 等，2010)。随着生产分解模型的提出，Wang 等(2017b)提出了全球价值链的长度测度公式，并利用价值链长度公式构建了国家至产业部门层次的全球价值链地位指数，该指数是当前测度全球价值链分工地位的最新方法。④其他测度方法：关于全球价值链地位的测度方法，另有部分学者提出了诸如出口价格指数(Feenstra，2006；Fontagné 等，2008)、出口复杂度指数(Hausmann 等，2007)、产业上游度测算法(Antràs 等，2012；Antràs and Chor，2013)。综合来看，Wang 等(2017b)提出的全球价值链地位指数是当前测度分工地位最为完善的方法。

另外，有关产业全球价值链地位攀升的影响因素主要有内部和外部两方面。在内部上，驱动产业全球价值链分工地位升级的主要动力是由其核心竞争力决定，而 Grossman and Helpman(1995)指出，一国或地区的创新能力是该国产业部门形成价值链攀升内生驱动力的重要原因。另有学者通过对 OECD 国家的产业升级研究发现，OECD 国家的制造业发展过程中有赖于资本投入和高素质的劳动力，尤其是高素质的劳动力可以推进生产成本的降低，进一步实证分析发现，教育投入强度和人力资本对 OECD 国家的产业升级具有积极的影响(Trevor and Reeve，2006)。此外，相应研究也指出：品牌价值、知识产权保护、软件水平和管理理念等无形要素也是促进全球价值升级的重要推力(OECD，2010)。资本劳动比、高技能劳动力的生产率对附加值贸易有显著影响(Choi，2013；Choi，2015)。Fang 等(2015)研究发现，资本存量和研发投入对促进产业技术升级具有重要积极作用，而一国或地区某产业出口产品的生产要素组合或来源结构是决定其出口国内增加值比重的关键，也是影响产业全球价值链分工地位的重要因素(黎峰，2015)。

在外部因素上，有研究认为制度质量是重要的推动力，制度质量的提升能够减少交易成本的支出，提升价值链参与层次，并能够促进国际分工地位的攀升(Nunn，2007；Feenstra 等，2013)。需要指出的是，一国或地区良好的制度环境能够直接反映在产业政策和对外贸易政策上，如产业减税政策，与贸易伙伴国的双边贸易协定、自由贸易区签订等，这一系列制度质量的改进都能促进产业国际分工地位的攀升(Tebaldi and Elmslie, 2013)。但相关产业政策上，部分国家或地区并不一定需要通过减税才能达到促进产业分工地位的提升，如Wang and Wei(2010)通过中国的经验分析发现，政府通过税收提高政策反而促进了相关企业的产品结构升级，这种税收干预手段，淘汰了部分落后产能，提升了出口产品的技术附加值，进而提升了产品竞争力和利润，对产业价值链分工地位的提升具有积极意义。另外，多数研究表明区域贸易协定(RTA)能够显著提高一国或地区的出口增加值，尤其是对新兴经济体的出口贸易的积极作用更为明显(Rose and Bergstrand, 2007; Urefice and Rocha, 2014; Hoekman, 2011; Cattaneo等, 2013; 胡昭玲、宋佳, 2013; Bruhn, 2014; 于津平、邓娟, 2014)。此外，WTO and IDE-JETRO(2011)的研究发现，通信条件、运输能力、保险体系、金融体系、监管力度和法律效力等条件是当前新兴经济体国际分工地位提升的必要条件。另外，产业国内价值链的升级能够显著提升产业全球价值链分工地位，其中产业部门的高端型和生产型要素投入对价值链升级起到关键作用(柴斌锋、杨高举, 2011; 黎峰, 2015)。

最后，针对木材产业全球价值链地位的研究不多，仅有部分制造业相关研究涉及到木材加工、造纸及纸制品等细分行业，但并未进行系统分析。例如刘维林(2014)研究全球价值链嵌入对中国出口技术复杂度的影响中涉及木材产业，从具体测度值来看，木材产业在所有制造业中属于低出口技术复杂度行业。另有学者通过制造业全球价值链地位研究中发现木材及其相关产业当前在全球价值链地位上处于上升状态(王岚, 2014)，但分工地位与高新技术产业尚有差距(尚涛, 2015; 尹伟华, 2016)。上述相关研究均以整个制造业为研究对象，未有单独涉及木材产业(以木材产业为主要研究对象)，因此，当前木材产业的全球价值链地位如何？仍需要通过具体分析才能得出。

2.2.2.5 全球价值链重构研究

全球价值链重构研究是当前发展中国家或经济体重点关注的议题，包括中国在内的诸多发展中经济体在国际产业分工中长期处于发达经济体的掣肘，属于"被中低端化"局面，因此，重构全球价值链，迈向中高端成为主要发展中经济体的迫切需求。首先，以中国为例，相关研究表明，尽管全球价值链重构在中国并没有大规模显现，但重构的趋势是存在的，由于面临发展中经济体成本优势和发达经济体技术优势等双重压力，重构全球价值链是实现产业维继的必由之路(田文、张亚青等, 2015; 邵安菊, 2016)。在具体实现方式上，张明之、梁洪基(2015)认为，制造业产业要加强技术积累和技术创新，能够跟踪到发达国家先进企业的生产规范和标准，并通过自身技术积累和要素优势参与行业国际标准的制定。需要指出的是，中国的部分产业已具备全球价值链重构的条件，尤其以互联网、物联网、大数据、云计算为基础的第四次工业革命将为部分产业全球价值链重构创造可能（杜传忠、杜新建，2017）。另外，通过"一带一路"倡议将为中国全球价值链重构提供新的平台，相关研究认为，"一带一路"倡议是构建属于发展中经济体经贸合作标准和范式的全球价值链新体系（秦升，2017）。

其次，已有关于全球价值链重构的研究多为定性研究，但也有部分研究开始从量化研究着手，如田文、张亚青等（2015）构建了全球价值链产业均衡模型，并利用市场集中度指数（赫芬达尔－赫希曼指数，HHI），通过产品生产制造的集中与分散程度来反映全球价值链重构趋势。佘珉（2014）同样是利用HHI指数，以中国主要代表性工业行业为例，分析了全球价值链重构的驱动机制。此外，谭人友、葛顺奇等（2016）基于面板数据模型和产业竞争力指数（RCA）对40个国家35个行业的全球价值链重构的驱动机制、影响机理进行实证分析。另有研究基于多项Logit模型实证分析了中国企业重构全球价值链与企业国际化等主要特征之间的关系。

最后，当前木材产业已嵌入全球价值链中，但未见木材产业全球价值重构方面的研究，既有的相关研究，也只是停留在木材产业国际竞争力，产品质量和贸易壁垒等方面，相关研究发现，当前中国木材企业产品质量在逐渐提高，企业竞争力也有所提升，部分企业迈入高端木材产品生产的行列，少数企业通过加大研发力度和人才引进，取到了一定的技术成果，并达到国际先进水平，但多数木材加工企业仍以贴牌生产为主，属于劳动密集型和资源消耗型产业（程宝栋、印中华，2014；马林、黄夔，2014；潘欣磊、侯方淼等，2015；庞新生、宋维明等，2016）。

2.2.3　文献述评

针对既有文献的梳理和归纳可以看出，全球价值链理论及其研究已较为丰富，学界针对国家或产业部门如何攀升全球价值链的研究在理论上已有一定成果，在方法上也取得了一定突破，部分研究运用统计分析法、问卷调查法、案例研究法、计量经济学模型等方法对有关全球价值链攀升的议题进行了系统分析，总体而言，现有基于全球价值链分析框架来研究国家或产业部门全球价值链攀升对丰富全球价值链理论和产业升级理论具有重要贡献，具体表现在：

（1）在理论研究上，极大地丰富了全球价值链的内涵，延伸出增加值贸易理论，全球价值链分工地位理论和全球价值链重构理论。首先，利用增加值贸易理论和测度方法能有效识别产业出口贸易收益的结构组成和分配特征，避免了传统贸易核算方式下的"重复计算"，贸易收益分配"国别属性模糊"等问题，纠正了贸易利益分配严重高估的偏误。其次，全球价值链分工地位升级理论与产业升级理论相辅相成，进一步阐释了全球价值链分工地位升级是产业升级的重要表现。此外，国际分工日益深化背景下，全球价值重构理论对阐释国家或产业如何在国际分工中掌握国际话语权并实现升级提供了理论指导。

（2）在研究方法上，已有经典研究提出了总贸易核算法（WWZ 分解法），生产分解模型和全球价值链参与度、分工地位和竞争力指数等一系列最前沿的量化国家或产业部门在全球价值链中的真实贸易价值或地位，修正了传统统计方式的偏误。对实证分析相关全球价值链升级方面的研究提供了具体的分析步骤和方法，具有重要实践意义。

综上，现有研究无论是在理论上还是在方法上都给予本文研究木材产业全球价值链攀升提供了借鉴，在理论上，全球价值链增加值贸易理论、分工地位理论和重构理论帮助本文搭建了一个逻辑清晰的全球价值链分析框架，能够使本文从"量上升级"（贸易利益），"质上升级"（分工地位）和路径选择（重构）多个维度综合分析木材产业全球价值链攀升的机理与路径。在方法上，为本文测度木材产业全球价值链升级的相关指标提供了具体实现步骤。总体上，现有研究就是本文能够继续研究的基础，具有重要的参考价值。但既有研究仍然存在一些不足和需要进一步完善的地方，具体表现在：

（1）在研究内容上，多数研究在研究国家或产业部门全球价值链升级时，其理论分析框架并不充分，或从全球价值链参与度或是增加值贸易，亦或是分工地位等单独一个理论为支撑，难以透彻分析全球价值链升级的实质。实际上，全球价值链升级包含多个方面，从贸易利益提升，分工地位攀升，价值链重构等综合性地升级，因此，需要一个综合的理论分析框架去刻画出国家或产业部门真实的全球价值链升级机制。

（2）在研究方法上，尽管现有关于全球价值链的主要分析方法已更新至 Wang 等（2017）版，也就是生产分解模型体系，但针对该方法的应用或拓展的研究并不多，多数研究仍以 Koopman 等（2010）的方法来测度全球价值链相关指标，而上述方法最大的不足是只适用于国家或地区层面的加总分析，不能对双边产业部门层面的出口贸易进行解构分析，从而不足以反映一国参与全球价值链下国家层面到产业层面的完整信息，而 Wang 等（2017a、2017b）方法，也称全球价值链生产分解模型对这一大缺陷进行了完善。

基于上述评述，本文将以木材产业这一可再生资源为研究对象，构建一套较为完整的、逻辑自洽的全球价值链分析框架，运用最新的全球价值链生产分解模型，通过全球价值链贸易收益增长、分工地位攀升和价值链重构等三个核心部分综合分析木材产业全球价值链攀升的动力机制与攀升路径，以期丰富木材产业升级和全球价值链升级理论并为木材产业、贸易政策的制定提供研究参考。

第 3 章
木材产业贸易发展现状：传统贸易视角

木材产业作为重要的绿色、可再生资源型产业，为包括中国在内的世界各国提供了大量木质产品，满足了世界人民日益增长的木制品消费需求。因此，自 20 世纪以来，木材产业逐渐受到各国的重视，各国纷纷将木材产业作为重要的制造业支柱型产业进行培育、开发（程宝栋、宋维明，2007）。在经济全球化背景下，木材贸易也得到蓬勃发展，据《中国林业发展报告》统计，1995—2014 年包括木材产业在内的世界林产品进出口贸易额年均增速接近 5.0%，而同时期的中国木质林产品进口和出口额增速分别为 13.6% 和 19.2%（田明华、于豪谅等，2017），其增速也大于同期整个中国制造业对外进出口贸易水平。特别是 2001 年加入世界贸易组织（WTO）后，中国木材产业进出口贸易总额多年位居世界第一，已跃居世界最重要的木材产业大国之一。

3.1 林产品贸易发展现状

3.1.1 世界林产品贸易市场概况

表 3-1 为 2000 年、2014 年世界林产品进出口贸易的洲际分布概况，可以发现，在进口市场上，2000 年世界林产品市场主要集中在欧洲、亚洲和北美洲市场，其中欧洲市场占据了世界三分之一以上的份额（43.96%），而亚洲尽管占据第二大进口市场地位（28.22%），但与欧洲市场相差较大，而拉丁美洲、非洲和大洋洲进口市场较小，合计份额不到世界的十分之一。而到 2014 年，世界林产品进口市场已发生较大变化，欧洲市场仍然保持着最大市场地位（39.77%），但亚洲市场已经与其份额相当（39.06%），说明 21 世纪的头 15 年，亚洲林产品需求市场发展迅速，这可能得益于亚洲经济水平的提升与人口规模的进一步增长。此外，北美洲市场进口比重也出现一定下滑，这可能

与金融危机后,美国以及加拿大的林产品需求动力减弱有关。而新兴经济体市场,包括拉丁美洲和大洋洲需求市场有一定提升。

在出口市场上,2000年欧洲是世界最大的林产品出口市场(47.68%),亚洲位居次席(32.08%),其次是北美洲、拉丁美洲、非洲和大洋洲,结合进口市场数据可以得出,2000年欧洲是世界最大的林产品进出口市场,而亚洲是世界第二大进出口市场。至2014年,欧洲仍是世界最大的林产品出口市场(49.56%),其比重呈现上升趋势,这种出口趋势与进口趋势处于完全相反的特征,这说明欧洲市场在世界林产品市场中占据重要地位,而2014年亚洲出口市场相较于2000年则有一定下滑,可能的原因在于亚洲等国家的林产品附加值与欧洲和北美市场相比要低,尽管出口量可能增速较快,但出口贸易收益并不占优。

表3-1 世界林产品进出口贸易的洲际分布(%)

Table 3-1 Intercontinental distribution of world forest products import and export trade (%)

贸易类型	进口额比重		出口额比重	
洲/年份	2000年	2014年	2000年	2014年
欧洲	43.96	39.77	47.68	49.56
亚洲	28.22	39.06	32.08	20.19
北美洲	19.83	11.08	12.39	18.75
拉丁美洲	4.7	5.23	4.32	6.46
非洲	1.93	3.74	1.78	2.92
大洋洲	1.36	1.12	1.75	2.12

数据来源:FAO林产品年鉴。

3.1.2 中国林产品贸易市场概况

表3-2为2000—2014年中国林产品进出口贸易现状,在增速上,进口贸易额和出口贸易额都呈现快速增长的态势,2000和2014年中国林产品进出口年均增速分别为13.5%和17.7%,总进出口贸易额年均增速达到15.4%。在进出口贸易特征上,整体是出口贸易额增速大于进口增速,但在贸易额上,2000—2005年,进口贸易总额一直大于出口贸易额,说明这一时期的中国林产品市场主要以进口导向型为主,主要原因在于国内一系列木材限伐政策导致的国内供给不足,木材进口依赖程度较大,此外,木材加工产品的生产技术和产能上的不足也是导致国外依赖度提升,进口额较大的重要原因。除2006年和2009年外,2006—2012年阶段的其余年份,进口额仍高于出口额,

直到 2013—2014 年出口额才大幅高于进口额。总体上，2000—2014 年中国林产品进出口贸易特征是，进口额略大于出口额，但出口额增速更快，其市场逐渐由进口导向型转向出口导向型。

表 3-2 2000—2014 年中国林产品进出口贸易现状（单位：亿美元，%）

Table 3-2 Status of China's forest products import and export trade from 2000 to 2014 (unit: USD 100 million, %)

年 份	进 口	出 口	合 计
2000	114.5	73.0	187.5
2001	109.8	78.6	188.4
2002	129.0	95.8	224.8
2003	166.4	122.4	288.8
2004	199.4	163.0	362.4
2005	221.0	205.7	426.7
2006	258.0	263.8	521.8
2007	323.6	319.3	642.9
2008	384.4	334.9	719.3
2009	339.0	363.2	702.2
2010	475.1	463.2	938.3
2011	653.0	550.3	1203.3
2012	619.5	586.9	1206.4
2013	640.9	644.5	1285.4
2014	676.1	714.1	1390.2
年均增长率	13.5	17.7	15.4

数据来源：EPS 数据平台(联合国统计署、中国海关)。

3.2 木材产业进出口贸易概况

上文统计分析了世界林产品市场分布现状和中国林产品进出口贸易特征，初步了解世界和中国林产品市场发展现状，而林产品行业的贸易结构如何尚不得而知，作为林产品行业的重要贸易主体，木材产业贸易在林产品贸易中占有重要份额。

3.2.1 中国木材产业进出口贸易概况

表 3-3 为 2000—2014 年中国木材产业进出口贸易现状及其占林产品贸易的份额，可以看出，首先，2000 和 2014 年中国木材产业年平均进口额和出口

额分别为179.6亿美元和234.8亿美元,并且在所有年份上,出口额均明显高于进口额,说明中国木材产业主要属于出口导向型产业。其次,2000—2014年木材产业进口和出口贸易额占林产品贸易的份额较大,年平均进口和出口比重分别为53.55%和77.7%。总体而言,木材产业出口贸易占据了中国林产品贸易的核心部分,尤其是2000—2005年阶段,其份额一度占据85%以上比例,也足以说明木材产业在整个林产品贸易行业的重要性。

表3-3 2000—2014年中国木材产业进出口贸易现状（单位：亿美元,%）

Table 3-3 Status of China's wood industry import and export trade from 2000 to 2014 (Unit: USD 100 million, %)

年份	进口额	出口额	占林产品进口比重	占林产品出口比重
2000	64.2	68.7	56.1	94.2
2001	63.9	77.4	58.2	98.5
2002	77.4	87.1	60.0	90.9
2003	90.3	116.6	54.3	95.3
2004	113	141.1	56.7	86.6
2005	133.2	161.1	60.3	78.3
2006	164.1	187.9	63.6	71.2
2007	194.1	237.5	60.0	74.4
2008	195.4	278.4	50.8	83.1
2009	165.4	255.9	48.8	70.5
2010	224.7	324.6	47.3	70.1
2011	195.1	290.3	29.9	52.7
2012	291.2	407	47.0	69.3
2013	332.8	433.7	51.9	67.3
2014	389.9	454.1	57.7	63.6
平均	179.6	234.8	53.5	77.7

数据来源：EPS数据平台(联合国统计署、中国海关)。

3.2.2 世界与中国木材产业进出口贸易比较

基于上述描述分析得出中国木材产业的重要性和进出口贸易地位,本部分以木材产业及其细分行业(木材加工业和造纸业)为统计对象,详细分析2000—2014年世界木材产业和中国木材产业发展概况。

图3-1为2000—2014年世界及中国木材产业贸易概况,可以看出,21世纪初的15年间,中国和世界木材进出口贸易额增长规律基本一致,其变化趋

势大致可分为三个阶段：①2000—2007年属于木材贸易的高速增长期，在进口上，这一时期主要由于国内"天然林保护工程"和"采伐限额"等木材限伐政策的影响，木材原材料对外依赖性增强，因此木材总进口额增长较快。在出口上，这一时期，随着木材加工业和造纸工业生产技术的提升和丰富的劳动力资源，进而提高了木材产业的产能，并且，相较于发达经济体同类产品，中国出口的木材最终品在国际市场上更具价格优势，市场份额比重更高，因此木材出口贸易额增长较快。②2008—2011年属于木材贸易低迷期，主要原因或许由金融危机的负作用导致发达国家木材产品需求下降，造成中国和世界木材贸易额下滑。③2012—2014年属于增长恢复期，在后金融危机时期，由于发达国家经济开始复苏，对包括木材产品在内的制成品消费能力增强，进而促进世界木材贸易额增长。整体上，中国与世界的木材进出口贸易额总体处于增长态势，仅在2008—2011年处于下降趋势。另外，在贸易额增幅上，世界木材产业进出口总额由2000年的4476亿美元，上升到2014年的8396亿美元，翻了一倍，而同一时期中国木材产业进出口总额由150亿美元，上升到850亿美元，占世界的比重也由3%上升到10%，中国木材贸易市场已成为世界上最重要的市场之一。

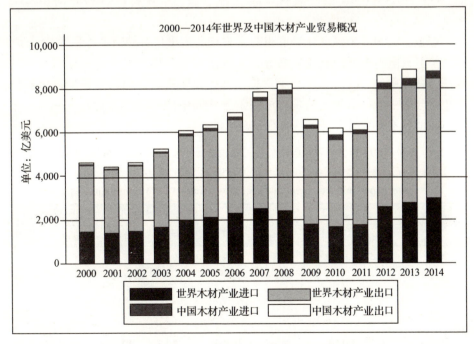

图3-1　2000—2014年世界及中国木材产业贸易概况

Figure 3-1　Overview of World and China wood industry trade from 2000 to 2014

为了更为清晰地了解世界和中国木材产业贸易现状,本部分对 2000—2014 年木材细分行业:木材加工业和造纸业的进出口贸易额进行统计。表 3-4 为 2000—2014 年世界及中国木材加工业和造纸业进出口贸易额,可以得出:

(1)从木材加工业来看,世界进口和出口额最高年份均为 2014 年,最低年份为 2001 年,进口和出口年均增长率分别为 4.5% 和 3.6%。中国木材加工业进口和出口最高年份与世界保持一致,而同一时期的中国木材加工业进口和出口年均增长率分别为 12.8% 和 8.5%,其增速明显高于世界进出口增长率。尽管国内木材加工业进口年均增长率高于出口增长率,但在出口总额上一直高于进口总额,说明国内木材加工业属于出口导向型行业。

(2)从造纸业看,世界进口和出口额最高年份均为 2014 年,最低年份为 2001 年,世界造纸业进口和出口年均增长率分别为 5.3% 和 4.3%。中国造纸业进口和出口最高年份与世界也保持一致,而同时期中国造纸业进口和出口年均增长率达到 12.7% 和 17.9%,增速远高于世界年均增长率,分别是其 2 倍多和 4 倍多。另外,2000—2008 年中国造纸业的进口额一直高于出口额,主要原因在于这一时期国内进口纸浆、木浆等造纸工业原材料比重较大,并且这一时期国内对纸产品需求量也较大,由于产能等原因,出口量相对不高。而 2009—2014 年,其出口额明显高于进口额,市场特征逐渐转向出口导向型。

综上,2000—2014 年中国和世界木材产业进出口贸易额总体呈增长趋势,在增幅上,国内木材产业及其细分行业进出口贸易额增长率均高于世界平均水平,在比重上,国内木材产业及其细分行业年平均进出口贸易额占世界比重超十分之一。可以明确的是,过去十五年间中国木材产业对外贸易增速较快,在世界木材贸易市场上具有举足轻重的地位。

表 3-4　2000—2014 年世界及中国木材加工业和造纸业进出口现状(单位:亿美元,%)

Table 3-4　Import and export status of World and China wood processing industry and paper industry from 2000 to 2014(Unit:USD 100 million,%)

年份/贸易	世界木材加工业		世界造纸业		中国木材加工业		中国造纸业	
	进口	出口	进口	出口	进口	出口	进口	出口
2000	757.5	1522.4	694.3	1502.0	37.4	59.2	26.8	15.5
2001	716.5	1465.2	654.5	1433.1	34.9	57.6	29.0	19.8
2002	754.5	1507.0	697.6	1479.4	41.7	63.7	35.7	23.4
2003	852.5	1706.1	785.7	1681.2	46.7	86.3	43.6	30.3
2004	1038.3	1926.6	963.3	1881.0	52.4	103.1	60.6	38.0
2005	1083.8	2005.7	1010.2	1943.3	57.5	110.0	75.7	51.1

(续)

年份/贸易	世界木材加工业 进口	世界木材加工业 出口	世界造纸业 进口	世界造纸业 出口	中国木材加工业 进口	中国木材加工业 出口	中国造纸业 进口	中国造纸业 出口
2006	1166.5	2155.0	1105.5	2107.8	65.0	118.9	99.1	69.0
2007	1297.5	2480.3	1217.8	2398.7	80.2	145.3	113.9	92.2
2008	1227.4	2678.6	1171.8	2629.3	80.7	174.5	114.7	103.9
2009	910.5	2171.1	883.0	2167.5	72.9	155.7	92.5	100.2
2010	860.5	1910.3	801.8	2038.0	112.8	200.5	111.9	124.1
2011	885.5	2040.7	842.4	2102.8	92.9	178.1	102.2	112.2
2012	1291.0	2573.5	1289.6	2773.9	150.0	233.0	141.2	173.2
2013	1348.2	2548.1	1392.8	2807.7	188.2	235.8	144.2	197.9
2014	1474.2	2593.5	1497.3	2831.5	228.4	236.3	161.5	217.8
年均增长率	4.5	3.6	5.3	4.3	12.8	8.5	12.7	17.9

数据来源：EPS 数据平台(联合国统计署、中国海关)。

3.3 中国木材产业出口贸易特征分析

上文统计分析了中国木材产业进出口贸易现状，本部分将基于传统贸易核算方式分析 2000—2014 年木材产业出口概况。从表 3-5 中可以得出：

(1)出口国别特征上，2000—2014 年期间美国、日本和英国分别占据木材产业及其细分行业出口国别排名的前三甲，另外，出口额排名前十名的国家主要以发达国家为主，说明这一时期中国木材产业贸易出口市场主要以发达经济体市场为主，尤其是木材加工业，其出口前十名的贸易伙伴国均为发达国家。此外，出口前十名的贸易伙伴国中北美市场、欧洲市场和亚洲市场分别是贸易伙伴国的主要分布区域。

(2)出口贸易额上，得出美国是中国最大的木材产业贸易出口市场，具体出口美国和加拿大(北美市场)的木材产业年均贸易额占据出口前十名贸易伙伴国年均总出口额的 50% 左右比重，此外，出口欧洲各国年均贸易额占出口前十名伙伴国年均总出口额的 30% 左右，日本和韩国合计占 20% 左右比重。可以看出，以美国和欧洲为代表的发达国家是中国木材产品的主要消费市场，因此，这也验证了上文在描述中国木材产业发展现状中所提到"金融危机"对中国木材产业出口贸易可能带来的负影响，因为 2008 年的金融危机主要发端地就以美国和欧洲部分发达国家为主，金融危机造成这两大消费市场的经济负面影响直接导致了中国木材产业出口额的下滑。

(3)在木材细分行业上，木材加工业出口前十名的国家与造纸业有一定差异,木材加工业主要出口市场与木材总产业类似,均以发达国家为主,而造纸业前十大出口市场中有世界第二大发展中经济体印度,并且贸易额并不小,说明未来以印度为代表的发展中国家市场具有重要的木材产品消费潜力。

综上,2000—2014年期间中国木材产业及其细分行业出口市场主要以发达国家为主,在具体贸易额上美国、日本和英国分别是中国木材产品的前三大进口国。并且,以北美洲、欧洲和亚洲为代表的消费市场变化将可能影响中国木材产品的出口额,而印度等发展中经济体可能是未来中国木材产业出口的重要潜在市场。

表3-5 中国木材产业及其细分行业出口国别特征分析(单位:亿美元)

Table 3-5 Research of export country characteristics of China's wood industry and its sub-sectors(unit: USD100 million)

排名	木材产业		木材加工业		造纸业	
	国别	年均出口	国别	年均出口	国别	年均出口
1	美国	40.2	美国	22.4	美国	17.8
2	日本	22.2	日本	14.7	日本	7.6
3	英国	8.6	英国	4.4	英国	4.1
4	德国	4.9	韩国	3.6	澳大利亚	3.4
5	澳大利亚	4.9	德国	3.1	印度	2.0
6	韩国	4.8	加拿大	3.1	德国	1.8
7	加拿大	4.4	荷兰	2.2	俄罗斯	1.4
8	荷兰	3.5	意大利	1.7	加拿大	1.4
9	俄罗斯	3.0	比利时	1.7	荷兰	1.3
10	法国	2.9	法国	1.6	法国	1.2

数据来源:EPS数据平台(联合国统计署、中国海关)。

3.4 中国木材产业出口贸易结构与竞争力分析

2000—2014年中国木材产业进出口贸易额实现了快速增长,占据世界木材贸易市场的重要份额,尽管木材产业在贸易总量上显示出了中国木材产业市场的巨大潜力,但在世界市场的竞争力和贸易结构变化却不能简单地用进出口贸易额来衡量。为此,本节将对2000—2014年中国木材产业的结构变动和竞争力进行定量分析,进一步得出传统贸易统计方式下,中国木材产业贸易的具体特征。

3.4.1 木材产业出口贸易结构变化

针对总共木材产业出口贸易结构变化特征,参考已有研究(顾晓燕,

2011),运用劳伦斯指数(Lawrence index)和收益结构指数进行分析。首先,劳伦斯指数的取值变化区间为[0,1],当其指数值越接近于1时,说明该国某产业的出口贸易结构变化趋势越大,其取值越接近于0,表明该国某产业的出口贸易结构越小,具体测算公式如下:

$$L = \left(\frac{1}{2}\right) \sum_{i=1}^{n} |S_{i,t} - S_{i,t-1}| \tag{3-1}$$

$$S_{i,t} = x_{i,t} / \sum_{i} x_{i,t} \tag{3-2}$$

公式 3-1 中,$x_{i,t}$ 为一国在 t 年出口 i 商品贸易额,$S_{i,t}$ 为 i 商品出口额在 t 年占一国所有商品出口额的比重。表 3-6 为 2000—2014 年木材产业及其细分行业出口贸易结构变化情况,可以得出:①整体而言,这一时期中国木材产业及其细分行业出口贸易结构调整幅度不大,其主要年份劳伦斯指数值较小,部分年份该指数值接近于 0。其中木材及加工业出口贸易结构调整幅度相对大于造纸业。②在 2007—2010 年期间,木材产业出口贸易结构有较大幅度的调整,劳伦斯指数值从 2007 年的 0.001% 上升到 2010 的 0.516%,可能的原因在于这一时期受金融危机(2008 年)和美国《雷斯法案》(2008 年)、欧洲《木材法案》(2010 年)影响,木材产业及其相关企业进行了出口结构的调整。

综上,2000—2014 年木材产业及其细分行业出口结构调整幅度不大,处于较为稳定的出口结构,其中木材产业出口结构调整幅度大于造纸业,少数年份的出口结构调整或与国际经济环境与木材贸易政策壁垒有关。

表 3-6 2000—2014 年木材产业及其细分行业劳伦斯指数(%)
Table 3-6 Lawrence index of wood industry and its subdivision industry from 2000 to 2014(%)

年份	木材产业	木材加工业	造纸业
2000	0.089	0.211	0.122
2001	0.234	0.208	0.025
2002	0.014	0.013	0.027
2003	0.283	0.232	0.051
2004	0.264	0.294	0.030
2005	0.175	0.217	0.041
2006	0.007	0.036	0.044
2007	0.001	0.029	0.029
2008	0.183	0.105	0.078
2009	0.073	0.025	0.048

(续)

年份	木材产业	木材加工业	造纸业
2010	0.516	0.325	0.191
2011	0.448	0.197	0.251
2012	0.023	0.074	0.051
2013	0.024	0.058	0.034
2014	0.089	0.211	0.122
平均	0.162	0.149	0.076

数据来源：EPS 数据平台（联合国统计署、中国海关）。

其次，结构优化指数也称收益性结构指数，反映一国某商品的出口结构是否朝着世界需求方向变化，即出口贸易结构的优化程度，当结构优化指数值大于零时，说明该商品出口结构呈现优化趋势，为负则说明出口贸易结构无明显优化，具体计算公式如下：

$$BSCI = \sum_{i=1}^{n} \left\{ \left[\frac{x_{i,t} / \sum_i x_{i,t}}{x_{i,t-1} / \sum_i x_{i,t-1}} - 1 \right] * \left[\frac{(m_{i,t}/m_{i,t-1})}{Average(m_{i,t}/m_{i,t-1})} - 1 \right] * \left[\frac{x_{i,t}}{\sum_i x_{i,t}} \right] \right\}$$

(3-3)

公式 3-3 中，$m_{i,t}$ 为世界在 t 年进口 i 商品的贸易额。表 3-7 为 2001—2014（以 2000 年为基数）年木材产业及其细分行业出口贸易结构优化程度，可以得出：总体上，木材产业及其细分行业出口贸易结构优化程度不明显，出口贸易结构可能存在一定弊端，这与聂影、杨红强等（2008）的研究结论一致。此外，各年份出口结构优化指数值存在一定变化差异，部分年份存在一定优化，但优化幅度较小。结合上文木材产业及其细分行业国际竞争力分析，表明这一时期的木材产业出口贸易结构缺乏灵活的调整措施，未来可加强出口贸易结构的优化调整，提升对外部贸易环境变化的适应能力以及竞争力。

表 3-7　2001—2014 年木材产业及其细分行业出口贸易结构优化指数(%)

Table 3-7　Optimization index of export trade structure of wood industry and its sub-sectors from 2000 to 2014 (%)

年份	木材产业	木材加工业	造纸业
2001	0.008	0.023	-0.010
2002	0.004	0.002	0.001
2003	-0.001	0.001	-0.002
2004	-0.028	-0.034	-0.004

(续)

年份	木材产业	木材加工业	造纸业
2005	0.003	0.005	0.001
2006	-0.004	-0.003	0.001
2007	0.001	-0.002	0.004
2008	0.001	-0.003	-0.001
2009	-0.046	-0.023	-0.024
2010	0.011	0.003	0.008
2011	-0.219	-0.144	-0.079
2012	-0.052	0.011	-0.034
2013	0.001	0.001	-0.003
2014	0.001	-0.002	-0.001
平均	-0.023	-0.014	-0.010

数据来源：EPS 数据平台(联合国统计署、中国海关)。

3.4.2 木材产业出口贸易竞争力分析

首先，对一国某产业出口的比较优势测度一般使用显性比较优势指数(Revealed Comparative Advantage，RCA)，也叫巴拉萨指数。RCA 指数的基本内涵是：一国某出口产品在该国出口所有商品的比重与世界此类商品占世界所有该类商品比重的比值(谭人友、葛顺奇等，2016)。其计算公式如下：

$$RCA_{ij} = \left(\frac{x_{ij}}{x_{it}}\right) \bigg/ \left(\frac{x_{nj}}{x_{nt}}\right) \tag{3-4}$$

公式 3-4 中，i 和 j 分别代表某一同类商品，n 表示所有商品，x 表示该类商品的出口值，比较优势的高低取决于该商品 RCA 指数值所在范围大小，当 RCA 指数值大于 1 时，说明一国在该类商品上具有比较优势，国际竞争力较强，当 RCA 指数值小于 1 时，说明一国在该类商品上具有比较劣势，国际竞争力弱。依据上述测算公式并结合木材产业及其细分行业的出口贸易特征得出木材总产业及其细分行业(木材加工业和造纸业)的具体显性比较优势(表 3-8)。

从表中可以发现：①整体而言，2000—2014 年中国木材产业及其细分行业全球竞争力较弱，其主要年份 RCA 指数均小于 1，说明中国木材产业尽管在出口贸易总规模较大，但在国际竞争中并不具有明显优势，这与戴永务、刘伟平等(2013)和庞新生、宋维明等(2016)的研究结论类似。②在具体竞争力特征上可以得出，木材总产业的国际竞争力在 2000—2014 年期间较为稳定，未有大的波动变化。在细分行业上，木材加工业的 RCA 指数值与木材总产业的变化趋势基本一致，但造纸业的变化较为明显，其 RCA 指数值呈现逐年上升趋势,说明这一阶段造纸业国际竞争力有较大提升过程。

综上,在传统贸易核算视角下得出木材产业及其细分行业的国际竞争力不高,并且总体竞争力变化幅度较小,其中,木材加工业整体国际竞争力要强于造纸业,但造纸业国际竞争力上升趋势更为明显。

表 3-8 2000—2014 年木材产业及其细分行业显性比较优势

Table 3-8 Dominant comparative advantages of wood industry and its sub-sectors from 2000 to 2014

年份	木材产业(RCA)	木材加工业(RCA)	造纸业(RCA)
2000	1.0	1.0	0.3
2001	0.9	0.9	0.3
2002	0.8	0.8	0.3
2003	0.8	0.8	0.3
2004	0.8	0.8	0.3
2005	0.7	0.7	0.3
2006	0.7	0.7	0.4
2007	0.6	0.6	0.4
2008	0.7	0.7	0.4
2009	0.7	0.7	0.5
2010	0.7	0.7	0.4
2011	0.8	0.8	0.5
2012	0.7	0.7	0.5
2013	0.7	0.7	0.6
2014	0.7	0.7	0.6

数据来源:EPS 数据平台(联合国统计署、中国海关)。

3.5 本章小结

基于传统贸易核算视角,首先统计分析了 2000—2014 年世界和中国林产品贸易即木材产业贸易发展现状,重点分析中国木材产业出口特征并运用显性比较优势指数、劳伦斯指数和出口收益结构指数对中国木材产业出口比较优势及其贸易结构进行分析。结果表明:

(1)世界主要林产品进出口贸易市场集中在欧洲、亚洲和北美洲,而中国林产品进出口贸易在世界占据重要地位,2000—2014 年进出口市场增速较快,尤其是出口增速,年均增速达到 17.7%,中国林产品市场逐渐成为出口导向型市场。

（2）中国木材产业是林产品贸易行业中的核心产业，占据林产品进出口贸易额的较大比重，尤其是年出口贸易额占林产品年均出口贸易额的80%左右份额。在世界市场上，中国木材产业进出口贸易也占据重要地位，进口和出口贸易额均占世界木材产业市场十分之一的份额，其增速也分别是世界市场的2倍多和4倍多。

（3）传统贸易核算方式下，通过重点考察中国木材产业出口贸易特征发现，2000—2014年期间发达国家是木材产业及其细分行业主要出口市场，主要集中在北美洲、欧洲和亚洲市场（东北亚）。通过定量分析也发现中国木材产业及其细分行业存在国际竞争力较弱，出口贸易结构优化不足等问题。

Chapter 4 第 4 章
木材产业参与全球价值链现状：增加值贸易视角

第 3 章以传统的贸易总值统计方式分析了中国和世界木材产业进出口贸易现状，得出中国木材产业在世界木材贸易市场中的重要地位。需要指出的是，木材产业对外贸易总额的快速增长无疑是有赖于参与了国际分工生产而实现的（蒋业恒、陈勇等，2018）。一方面，自 20 世纪 80 年代以来，在经济全球化背景下，传统的"国家生产"已逐步转向"世界生产"，并且各产业部门生产的国际分工也越来越细化，制造业各产业部门加速参与全球分割生产已成为趋势，中国木材产业也经历了类似的分工生产。另一方面，全球价值链作为上述产业部门国际分割生产的完整链条，借助于国际贸易将全球各个国家纳入这条庞大的生产链中，推动国际分工的专业化协作。作为重要的制造业部门，木材产业及其细分行业由于较强的生产分割性，是全球价值链分工体系中重要的参与部门，针对中国木材产业及其细分行业而言，当前参与全球价值链分工已成为既定事实。遗憾的是，目前尚无研究分析中国木材产业以何种方式参与全球价值链，参与程度如何，驱动因素有哪些，为此，有必要对这一现状空白进行填补。

4.1 理论基础

传统贸易核算框架下，一国某产业的进出口贸易流量大小决定着该国这一行业的国际分工水平。但在全球价值链视角下，简单地以海关进出口的贸易流量已经不能反映一国某产业的国际分工程度，需要借助于全新的指标进行衡量，也就是全球价值链参与程度（赵晓霞、胡荣荣，2018）。全球价值链参与度一般分为前向参与度和后向参与度，前向参与度表示产业嵌入全球价值链后通过分工协作生产原材料或中间品来参与全球价值链分工体系,而后向参与度表示产业嵌入全球价值链后通过分工生产最终品或部分中间品来参与全球价值链分工体系。就木材产业而言,前向参与主要包括:分工生产木材原材料或中间品,例如原木、锯材和纸浆以及部分初级人造板等。后向参与主要包括:分工生产木材最终品或部分中间品,例如木制或纸制的最终产品以及部分高技术含量的木制和纸制中间品。

相关学者针对具体的全球价值链参与度指标进行了研究,Hummels 等(2001)首次在全球价值链框架下给出以垂直专业化来衡量国际分工参与度的思路,在理论上提出了前向垂直专业化和后向垂直专业化的概念以及相关计算方法,但限于数据因素,以垂直专业化所测度的全球价值链参与度实际上更多的是反映了产业后向参与度。直至 Koopman 等(2010)和 Wang 等(2017a)提出了完善的全球价值链参与度指标。尤其是 Wang 等(2017a)基于增加值贸易理论,扩展了生产分解模型并提出新的全球价值链参与度指数使该指标的应用可以从国家层面延伸到部门层面,并且修正了以往的前向和后向参与度测度偏误。也就是说,新的全球价值链参与度指数可以真正应用到木材产业及其细分行业(木材加工业和造纸业)层面,从而能够较为精确地测度木材产业全球价值链的前向和后向参与度。

依据全球价值链驱动机制理论,全球价值链出现的驱动形式主要分为生产者和购买者驱动两类,也就是说生产者和购买者促进了全球价值链的产生和延伸。而一国某产业参与全球价值链的动因则是由多重因素主导,多数研究表明经济发展水平、人口规模、资源禀赋、上市公司发展水平、关税等是驱动产业通过前向参与全球价值链的重要因素(李建军、孙慧,2016;Miroudot,2016;侯方淼、田朝等,2017;牛蕊、郭凯帆,2018;赵晓霞、胡荣荣,2018;倪红福、龚六堂等,2018)。而针对后向参与全球价值链的驱动因素,另有研究认为产业对外贸易依赖程度、经济发展水平、上市公司发展水平、技术创新、城市化水平、制成品出口、劳动力教育水平等因素是驱动产业后向参与度的重要因素。基于上述理论研究与分析,本文将借助于最新 Wang 等(2017a)构建的生产分解模型来设定木材产业全球价值链参与程度指数模型对其参与度进行测度,并实证分析木材产业参与全球价值链的动因。

4.2 基于生产分解模型的全球价值链参与度指数

Wang 等(2017a)的生产分解模型基于世界投入产出表构建,表 4-1 是包含了 m 个国家和 n 个部门的典型世界投入产出表。以 s 国为例,Z_{sr} 是 n 乘以 n 的中间投入矩阵(即 s 国生产并由 r 国使用),而 Y_{sr} 是 n 乘以 1 的最终产品向量,X_s 是 n 乘以 1 的 s 国总产出向量,VA_s 是 1 乘以 n 的 s 国直接增加值向量。该投入产出模型的投入系数矩阵为:$A = Z\hat{X}^{-1}$,$\hat{X}$ 为产出向量 X 的对角矩阵,增加值的系数向量为:$V = VA\hat{X}^{-1}$。总产出 X 分为中间品和最终品,即 X = AX+Y,进而得出经典里昂惕夫方程:X = BY,全局里昂惕夫逆矩阵 $B = (I - A)^{-1}$。

表 4-1 典型的跨国投入产出表

Table 4-1 Typical multinational input-output table

投入\产出			中间使用				最终产品				总产出
			r 国	s 国	t 国	⋯	m 国	r 国	s 国	t 国	⋯	m 国	
			$1,⋯,n$	$1,⋯,n$	$1,⋯,n$	$1,⋯,n$	$1,⋯,n$	—	—	—	—	—
中间投入	r 国	$1,⋯,n$	Z_{rr}	Z_{rs}	Z_{rt}	$1,⋯,n$	Z_{rm}	Y_{rr}	Y_{rs}	Y_{rt}	⋯	Y_{rm}	X_r
	s 国	$1,⋯,n$	Z_{sr}	Z_{ss}	Z_{st}	⋯	Z_{sm}	Y_{sr}	Y_{ss}	Y_{st}	⋯	Y_{sm}	X_s
	t 国	$1,⋯,n$	Z_{tr}	Z_{ts}	Z_{tt}	⋯	Z_{tm}	Y_{tr}	Y_{ts}	Y_{tt}	⋯	Y_{tm}	X_t
	⋯					⋱					⋱		
	m 国	$1,⋯,n$	Z_{rr}	Z_{rs}	Z_{rt}	⋯	Z_{mm}	Y_{rr}	Y_{rs}	Y_{rt}	⋯	Y_{mm}	X_m
增加值			VA_r	VA_s	VA_t	⋯	VA_m	—	—	—	—	—	
总投入			Z_r	Z_s	Z_t	⋯	Z_m	—	—	—	—	—	

Wang 等(2017a)按照表 4-1 中总产出的生产与使用均衡条件,得出以下方程:

$$X = AX + Y = A^D X + Y^D + A^F X + Y^F = A^D X + Y^D + E \quad (4\text{-}1)$$

公式 4-1 中,$A^D = \begin{bmatrix} A_{rr} & 0 & \cdots & 0 \\ 0 & A_{ss} & \cdots & 0 \\ \vdots & \vdots & \ddots & \vdots \\ 0 & 0 & \cdots & A_{mm} \end{bmatrix}$ 是本国(即国内)投入系数的分块对角矩阵,A^F 是进口投入系数的非对角分块矩阵:$A^F = A - A^D$;$Y = [\sum_r^m Y_{rr} \sum_r^m Y_{rs} \cdots \sum_r^m Y_{rm}]'$ 是最终品和服务生产向量,$Y^D = [Y_{rr}\ Y_{ss}\ \cdots Y_{mm}]'$ 是被国内居民消耗的最终品以及服务生产向量,$Y^F = Y - Y^D$ 是最终产品出口向量;$E = [\sum_{r \ne 1}^m E_{1r}\ \sum_{r \ne 2}^m E_{2r}\ \cdots \sum_{r \ne m}^m E_{rm}]'$。

由 4-1 可以同时对国内增加值和最终品生产进行分解:

$$\hat{V}B\hat{Y} = \hat{V}L\hat{Y}^D + \hat{V}L\hat{Y}^F + \hat{V}LA^F B\hat{Y} = \hat{V}L\hat{Y}^D + \hat{V}L\hat{Y}^F \\ + \hat{V}LA^F L\hat{Y}^D + \hat{V}LA^F(B\hat{Y} - L\hat{Y}^D) \quad (4\text{-}2)$$

公式 4-2 中 $L = (I - A^D)^{-1}$ 为局部里昂惕夫逆矩阵,$\hat{V}$ 是直接增加值系数的对角矩阵。矩阵 $\hat{V}B\hat{Y}$ 中，各个元素分别表示某一国家或产业部门的增加值通过间接或直接途径被用于另一国家或产业部门最终品以及服务的生产。矩阵 $\hat{V}B\hat{Y}$ 可以分解为公式 4-2 中的四个增加值矩阵。具体来说，$\hat{V}L\hat{Y}^D$ 是国内生产以及消耗的增加值，不包括跨国贸易，$\hat{V}L\hat{Y}^F$ 被隐含在最终品出口的增加值中，是国外最终消费需求部分，不涉及跨国生产，$\hat{V}LA^FB\hat{Y}$ 是隐含在中间品和服务出口或进口中的增加值。$\hat{V}LA^FB\hat{Y}$ 可具体分为 $\hat{V}LA^FL\hat{Y}^D$ 和 $\hat{V}LA^F(B\hat{Y}-L\hat{Y}^D)$ 两部分。

分别加总公式 4-2 中的行、列元素，可以分解出国家或产业部门上的国内增加值流向（即前向联系）和最终品生产的增加值流向（即后向联系）：

$$VA' = \hat{V}RY = \underbrace{\hat{V}L\hat{Y}^D}_{(1)-V\_D} + \underbrace{\hat{V}L\hat{Y}^F}_{(2)-V\_RT} + \underbrace{\hat{V}LA^FL\hat{Y}^D}_{(3a)-V\_GVC\_S} + \underbrace{\hat{V}LA^F(B\hat{Y}-L\hat{Y}^D)}_{(3b)-V\_GVC\_C} \quad (4\text{-}3)$$

$$Y' = VB\hat{Y} = \underbrace{VL\hat{Y}^D}_{(1)-Y\_D} + \underbrace{VL\hat{Y}^F}_{(2)-Y\_RT} + \underbrace{VLA^FL\hat{Y}^D}_{(3a)-Y\_GVC\_S} + \underbrace{VLA^F(B\hat{Y}-L\hat{Y}^D)}_{(3b)-Y\_GVC\_C} \quad (4\text{-}4)$$

公式 4-3 和 4-4 中，第（1）项 V_D 和 Y_D 均为本国生产并被国内需求所吸收的增加值，不涉及跨国生产。第（2）项 V_RT 和 Y_RT 均为隐含在最终品出口中的国内增加值。第（3）项 V_GVC_S 和 Y_GVC_S 是简单型跨国分工生产，V_GVC_S 是被包含在在一国特定产业部门中间品出口中的国内增加值，这一部分增加值仅被用于进口国的生产或消耗，Y_GVC_S 是一国特定产业部门直接进口中间品中包含的国外增加值，这一部分增加值仅被用于生产国内消费品。第（4）项 V_GVC_C 和 Y_GVC_C 属于复杂跨国生产协作。

Wang 等（2017a）依据上述全球价值链生产分解模型，通过前向联系和后向联系两个维度来重新定义国家及部门层面参与全球价值链的程度并构造了全球价值链前向参与指数（$GVCPt\_f$）以及后向参与指数（$GVCPt\_b$）：

$$GVCPt\_f = \frac{V\_GVC}{VA'} = \frac{V\_GVC\_S}{VA'} + \frac{V\_GVC\_C}{VA'} \quad (4\text{-}5)$$

$$GVCPt\_b = \frac{Y\_GVC}{Y'} = \frac{Y\_GVC\_S}{Y'} + \frac{Y\_GVC\_C}{Y'} \quad (4\text{-}6)$$

全球价值链前向参与指数和后向参与指数测度值一般介于[0，1]区间，一国某行业前向参与度较高，表明该国该行业处于全球价值链的上游（价值链前端），国内增加值更多地作为原材料或中间产品出口到第三方国家。而一国某行业拥有较高的后向参与度，表明该国该行业处于全球价值链的下游（价值链尾端），更多地依赖于来自国外的原材料或中间品，出口最终品（张会清、翟孝强，2018）。

4.3　木材产业全球价值链参与度测算

4.3.1　国内木材产业全球价值链参与度现状

基于生产分解模型构建的全球价值链参与度指数，利用 2016 版世界投入产出表对木材加工业和造纸业的全球价值链参与度进行测度，具体选择包括中国在内的 42 个国家及地区作为样本（包括中国台湾）。图 4-1 为 2000—2014 年中国木材加工业和造纸业全球价值链参与度测度结果，包括前向参与度和后向参与度两个部分，可以发现：

首先，从全球价值链参与方式来看，木材加工业和造纸业的后向参与度明显高于前向参与度，说明中国木材产业主要以后向参与方式嵌入全球价值链，也就是主要通过进口木材原材料或中间品出口木材最终品，这与当前中国木材产业的发展现状相符。

其次，在木材加工业全球价值链参与特征上，2000—2014 年木材加工业的全球价值链前向参与度与全球价值链后向参与度变化趋势较为类似，主要分为三个阶段：①2000—2006 年木材加工业的全球价值链前向和后向参与度均处于增长期，但后向参与度增幅更快。这一时期主要得益于中国加入 WTO 后的国际贸易环境改善，木材加工业加速嵌入全球价值链，无论是木材原材料、中间品还是最终品都较快地参与国际分工。②2007—2009 年木材加工业全球价值链前向和后向参与度处于下滑阶段，前向参与度下跌至 2003 年水平，后向参与度下跌至 2001 年水平，或许与这一时期国际金融危机有关，发达国家陷入经济危机，对木材加工品需求下降所致。另外 2008 年美国颁布《雷斯法案》，提高了中国木材加工产品准入美国市场的门槛，导致部分出口美国市场产品受阻，而这一时期美国是中国最大的木材加工产品出口市场之一。因此，上述因素限制了中国木材加工业的国际分工水平。③2010—2014 年的波动增长期，这一时期受后金融危机影响，以及中国木材加工业整体生产水平的提升，全球价值链参与度整体处于上升趋势，尤其是后向参与度上升明显。

此外，在造纸业全球价值链参与特征上，其全球价值链参与度要相对高于木材加工业，但同样是后向参与度高于前向参与度，说明目前的造纸业主要是参与纸质最终品的国际分工生产。从 2000—2014 年造纸业全球价值链参与度变化趋势来看，前向参与度与后向参与度变化趋势并不一致，前向参与度呈现缓慢上升-下降-继续缓慢上升的趋势，而后向参与度整体处于上升-下降-快速上升的趋势，说明造纸业参与全球分工生产原材料或中间品的动力不足，而参与最终品的全球分工生产的势头良好。

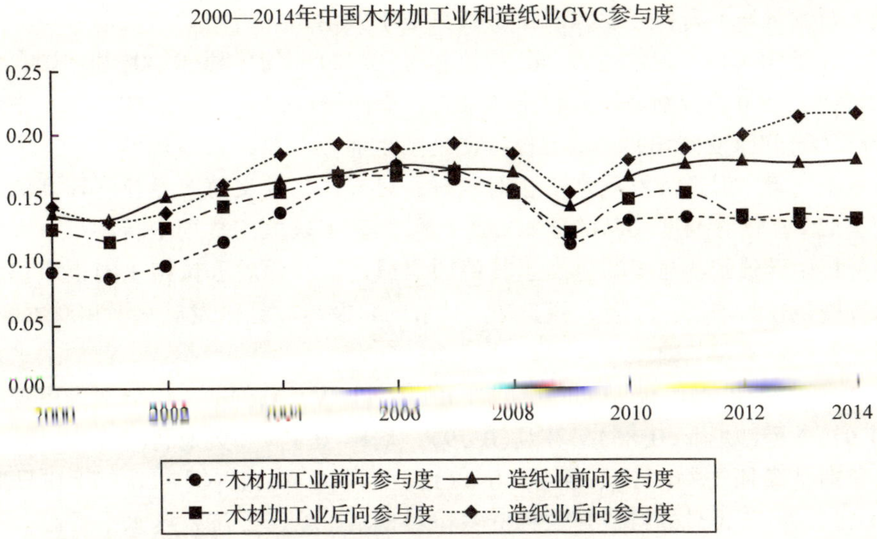

2000—2014年中国木材加工业和造纸业GVC参与度

```
        0.25
        0.20
        0.15
        0.10
        0.05
        0.00
           2000    2002    2004    2006    2008    2010    2012    2014
```

······●······ 木材加工业前向参与度　　──▲── 造纸业前向参与度
── ■ ── 木材加工业后向参与度　 ······◆······ 造纸业后向参与度

图 4-1　中国木材加工业与造纸业全球价值链参与度

Figure 4-1　China's wood processing industry and paper industry GVC participation

综上，中国木材产业主要以后向参与方式嵌入全球价值链分工体系。具体而言，2000—2014 年中国木材产业价值链参与度总体处于上升趋势，并且后向参与度要高于前向参与度，这是因为当前中国主要以进口木材原材料或中间品经过加工组装后再出口的生产及贸易特征决定了木材产业融入全球价值链的后向参与度要高于前向参与度。具体细分行业层面，造纸业参与度要高于木材加工业，两个行业的价值链参与度变化轨迹均呈"N"字型。

4.3.2　国际木材产业全球价值链参与度现状

上文从纵向（时间）层面考察了中国木材产业的两个细分行业 2000—2014 年的全球价值链参与度变化，表 4-2 进一步从横向（国别及地区）层面分析中国与 WIOD 经济体木材产业参与全球价值链的特征进行比较分析，从表中可以得出：

（1）在 43 个样本国及地区中，木材加工业年均前向参与度较高的前五位分别是卢森堡（0.84）、爱沙尼亚（0.80）、斯洛文尼亚（0.73）、加拿大（0.73）、拉脱维亚（0.71）。后五位分别是塞浦路斯（0.11），美国（0.10），印度（0.09），希腊（0.08）和日本（0.05）。前五位总体特征是森林资源较为丰富，但人口较少，木材加工业产值并不高，并且通过 UNcomtrade 数据库搜索发现，部分前向参与度较高的小国整体贸易出口量也很大，可能是典型的中转港口国家或地区，类似于中国香港。而后五位总体是森林资源较为丰富，但人口数量较大，有较好的木材加工业基础，但是塞浦路斯无论森林面积还是人口数量均不高，可能原因在于其只是中转港口。后向参与度前五位分别是卢森堡(0.64)，爱尔兰(0.46)，比利时(0.42)，匈牙利(0.40)和中国台湾(0.39)，后五位分别是澳大利亚(0.13)，墨西哥(0.13)，印尼(0.10)，俄罗斯(0.09)和印度(0.09)。前五位特征是国土面积较小，人口规模较小，工业体系不完善，但经济发展水平相对较好，另外，与上文前向参与度较高的小国类似，后向参与度较高的国家或地区可能含有较大的货物中转港口，因此在分析中导致其参与度明显高于其他国家或地区。而后五位则是国土面积和森林资源较为丰富，除澳大利亚外，其余国家及地区经济发展水平相对不高，但具备一定工业基础。

(2)从造纸业来看，造纸业年平均前向参与度较高的前五位分别是卢森堡(0.92)，爱沙尼亚(0.86)，芬兰(0.79)，瑞典(0.77)和奥地利(0.77)，后五位分别是墨西哥(0.17)，希腊(0.17)，中国(0.16)，美国(0.15)和日本(0.13)。前五位总体特征是森林资源相对丰富丰富，经济发展水平较高，人口较少的经济体。而后五位则有一定木材加工业基础，人力资源相对丰富的经济体。后向参与度较高的前五位分别是卢森堡(0.61)，匈牙利(0.51)，拉脱维亚(0.47)，保加利亚(0.46)和比利时(0.46)，后五位分别是中国(0.17)，美国(0.15)，巴西(0.13)，日本(0.12)和俄罗斯(0.11)。可以看出，前五位总体特征是国土面积较小，不具备完善的工业体系，人口较少的经济体。后五位则是工业基础完善，国土面积较大，人力资源相对丰富的经济体。

综上，中国木材加工业全球价值链前向和后向参与度要高于造纸业参与度，但木材产业全球价值链参与度仍不高，未来有较大提升空间，尤其是在后向参与度上要更为积极地参与国际分工生产。当然，中国木材产业全球价值链参与程度不高也有其原因，首先，在前向参与度上，由于国内木材原材料供给较少，加之现有木材产业主要以加工木材最终品为主，因此导致前向参与度较低。其次，由于国内木材产业链相对完整，也拥有较为完善的工业生产体系，部分中间品多由国内生产。并且，部分中小木材企业虽为出口导向型，但主要参与的是国内产业链的分工，参与国际分工频率较低，而中大型企业是参与国际分工的主体，但当前中国中大型木材企业的比例并不高，未来应加强大型企业，甚至是跨国木材企业的培育，进而提升国际分工的参与度，吸收国际先进技术和经验。

表 4-2 主要贸易伙伴国木材产业平均全球价值链链参与度
Table 4-2 Average GVC participation of wood industry in major trading partner countries

经济体/行业	木材加工业 前向	木材加工业 后向	造纸业 前向	造纸业 后向	经济体/行业	木材加工业 前向	木材加工业 后向	造纸业 前向	造纸业 后向
澳大利亚	0.17	0.13	0.20	0.19	爱尔兰	0.53	0.46	0.67	0.40
奥地利	0.56	0.31	0.77	0.33	意大利	0.19	0.20	0.32	0.26
比利时	0.65	0.42	0.68	0.46	日本	0.05	0.16	0.13	0.12
保加利亚	0.35	0.38	0.30	0.46	韩国	0.14	0.27	0.36	0.26
巴西	0.36	0.08	0.31	0.13	立陶宛	0.53	0.34	0.55	0.34
加拿大	0.73	0.28	0.67	0.11	卢森堡	0.84	0.64	0.92	0.61
瑞士	0.24	0.21	0.60	0.28	拉脱维亚	0.71	0.25	0.52	0.47
中国	0.13	0.14	0.16	0.18	墨西哥	0.15	0.13	0.17	0.27
塞浦路斯	0.11	0.28	0.11	0.45	马耳他	0.16	0.33	0.28	0.45
捷克	0.53	0.25	0.59	0.37	荷兰	0.40	0.32	0.63	0.43
德国	0.35	0.25	0.57	0.31	挪威	0.20	0.25	0.68	0.22
丹麦	0.40	0.30	0.56	0.34	波兰	0.50	0.25	0.44	0.31
西班牙	0.23	0.21	0.35	0.26	葡萄牙	0.57	0.20	0.54	0.28
爱沙尼亚	0.80	0.33	0.86	0.38	罗马尼亚	0.53	0.20	0.32	0.27
芬兰	0.53	0.20	0.79	0.26	俄罗斯	0.34	0.25	0.35	0.11
法国	0.25	0.21	0.41	0.29	斯洛伐克	0.47	0.19	0.53	0.34
英国	0.15	0.24	0.27	0.24	斯洛文尼亚	0.73	0.34	0.66	0.45
希腊	0.08	0.18	0.17	0.25	瑞典	0.54	0.24	0.77	0.27
克罗地亚	0.53	0.31	0.45	0.30	土耳其	0.25	0.22	0.25	0.25
匈牙利	0.59	0.40	0.57	0.51	中国台湾	0.31	0.39	0.41	0.36
印尼	0.47	0.10	0.45	0.21	美国	0.10	0.18	0.15	0.15
印度	0.09	0.09	0.11	0.19	—				

数据来源：2016 版世界投入产出表（WIOTs）核算。

4.4 木材产业参与全球价值链的动因

上文针对中国及主要贸易伙伴国木材加工业和造纸业全球价值链参与度进行测度并对其特征进行分析，发现整体参与度并不高，并且主要通过后向参与方式嵌入全球价值链，前向参与度较低，这与已有文献（张会清、翟孝强，2018）研究制造业全球价值链参与度的结论类似。为了进一步解析两大木材产业细分行业的全球价值链参与度特征，有必要对其参与全球价值链的动因进行提炼。因此,本文将构建计量经济学模型实证分析木材加工业和造纸业参与全球价值链的驱动因素,厘清其价值链参与的影响机制。

4.4.1 木材产业全球价值链前向参与度的驱动因素

已有研究表明,当一国某行业全球价值链前向参与度较高时,该行业参与原材料或中间品的国际分工生产、转运的比重就相对较大(赵晓霞、胡荣荣,2018),因此该国在该行业的原材料或中间品上主要为净产出国,尤其是原材料输出比重较大。

4.4.1.1 变量选择与数据来源

具体将包括中国在内的40个经济体2000—2014年木材产业(木材加工业和造纸业)的全球价值链前向参与度指数值作为被解释变量,表示木材产业全球价值链前向参与度的提升水平。解释变量选取如下:

(1)人均GDP差值,人均GDP反映一国经济发展水平,一般而言,经济发展水平越高其国内产业越趋向于高级化(牛蕊、郭凯颉,2018),可能参与木材产业初级品分工生产的比例越小。

(2)人口规模,人口是一国参与全球价值链分工体系的重要推力,大量劳动力或消费者促进了一国产业链的快速发展(郭琪、朱晟君,2018)。但也有研究认为,人口规模越大的经济体可能拥有大量低端劳动力,导致产业多以劳动密集型为主,参与国际分工的水平较低(李建军、孙慧,2016)。

(3)汇率,一般来说,一国汇率走低(本币贬值)可以促进本国出口贸易流量增长,进而提升国际分工参与水平,而汇率走高(本币升值)将减缓出口贸易流量的增长,不利于该国全球价值链参与度的提升,尤其对主要以参与产业链前端产业国际分工的经济体的参与度抑制更为明显(Chen and Juvenal,2016)。

(4)外贸依存度,一国外贸依存度越高,则本国产业参与国际分工的程度就越高(Miroudot,2016),就木材产业而言,依赖于木材产业原材料生产并出口的经济体,其木材产业全球价值链前向分工程度就越高。

(5)城市化率,城市化率越高越有利于提升工业化水平和生产率(张鸿雁,2011),因此,城市化水平的提高能够促进产业集中度并提供了便利的基础设施,有利于企业参与国际分工。

(6)农业原材料出口份额,以农业原材料出口占货物出口比重指标表示,农业原材料出口反映一国出口产品结构,农业原材料产品出口比重越高,其产业可能参与产业链前端的国际分工较高(吕程平、白亚丽,2016)。

(7)森林覆盖率,表示资源禀赋,由于前向参与度更多的是产业链前端产业的国际分工水平(张会清、翟孝强,2018),因此森林资源禀赋丰富的经济体一般参与木材产业全球价值链前向分工程度较高。

(8) 森林租金占 GDP 比重,反映一国经济发展对森林资源的依赖度(许福志,2018),其比重越高,对森林资源的开发程度越深,其木材产业参与国际分工的可能性越高。

(9) 工业圆木产量,代表原材料产量,相关研究表明,产业链前端的产品产量对其参与国际分工的程度具有一定影响(赵晓霞、胡荣荣,2018),圆木作为木材产业链上的前端产品,其产量越高,可能参与木材产业全球价值链前向分工越深。具体解释变量数据来源见表 4-3:

表 4-3 解释变量数据来源
Table 4-3 The data sources of explanatory variables

序号	指标	数据来源
1	人均 GDP	世界银行网站(World Bank)
2	人口规模	世界银行网站(World Bank)
3	汇率	世界银行网站(World Bank)
4	外贸依存度	联合国统计署数据计算
5	城市化率	世界银行网站数据计算
6	农业原材料出口份额	世界银行网站(World Bank)
7	森林覆盖率	世界银行网站(World Bank)
8	森林租金占 GDP 比重	世界银行网站(World Bank)
9	工业圆木产量	联合国粮农组织林业统计年鉴

4.4.1.2 模型设定

依据上述被解释变量以及解释变量的定义,设定如下计量经济学模型:

$$GVCPt\_tf_{it} = \alpha_0 + \alpha_1 pgdp_{it} + \alpha_2 people_{it} + \alpha_3 erate_{it} + \alpha_4 depend_{it} + \alpha_5 city_{it} + \alpha_6 material_{it} + \alpha_7 forest_{it} + \alpha_8 frent_{it} + \alpha_9 wood_{it} + \mu_i + \varepsilon_{it} \tag{4-7}$$

$$GVCPt\_pf_{it} = \beta_0 + \beta_1 pgdp_{it} + \beta_2 people_{it} + \beta_3 erate_{it} + \beta_4 depend_{it} + \beta_5 city_{it} + \beta_6 material_{it} + \beta_7 forest_{it} + \beta_8 frent_{it} + \beta_9 wood_{it} + \mu_i + \varepsilon_{it} \tag{4-8}$$

公式 4-7 和 4-8 中,i 表示经济体,t 表示年份,$GVCPt\_tf$ 和 $GVCPt\_pf$ 分别表示各国木材加工业和造纸业全球价值链前向参与度,$pgdp$ 表示各国人均 GDP,$people$ 表示各国人口规模,$erate$ 表示各国货币汇率,$depend$ 为各国外贸依存度,$city$ 为各国城市化率,$material$ 表示农业原材料出口份额,$forest$ 表示森林覆盖率,$frent$ 表示森林租金占 GDP 比重,$wood$ 为各国工业圆木产量。

μ_i 为非观测效应，ε_{it} 为扰动项，α，β 为待估参数，具体变量统计与说明见表 4-4。

表 4-4 变量统计与预期影响方向

Table 4-4 Variable statistics and expected impact direction

变量类型	变量说明	均值	标准差	预期影响方向
被解释变量	木材加工业全球价值链前向参与度（GVCPt_tf）	0.399	0.229	/
	造纸业全球价值链前向参与度（GVCPt_pf）	0.469	0.229	/
解释变量	人均 GDP（pgdp，美元）	27,550.910	22,733.640	+
	人口规模（people，万人）	10,774.110	27,321.470	+
	汇率（erate，1 美元的本币单位）	279.301	1,501.888	−
	外贸依存度（depend，%）	86.751	53.361	+
	城市化率（city，%）	0.710	0.137	+
	农业原材料出口份额（material，%）	2.443	2.906	+
	森林覆盖率（forest，%）	36.231	16.625	+
	森林租金占 GDP 比重（frent，%）	0.199	0.305	+
	工业圆木产量（wood，万立方米）	3,670.646	6,968.660	+

由于人均 GDP、人口规模和工业圆木产量等变量相较于其它变量值较大，为增强模型回归稳健性，将上述变量取对数，压缩变量方差，从而缓解异方差问题，形成的半对数模型如下：

$$GVCPt\_tf_{it} = \alpha_0 + \alpha_1 \ln(pgdp_{it}) + \alpha_2 \ln(people_{it}) + \alpha_3 erate_{it} + \alpha_4 depend_{it}$$
$$+ \alpha_5 city_{it} + \alpha_6 material_{it} + \alpha_7 forest_{it} + \alpha_8 frent_{it} + \alpha_9 \ln(wood_{it}) + \mu_i + \varepsilon_{it}$$
(4-9)

$$GVCPt\_pf_{it} = \beta_0 + \beta_1 \ln(pgdp_{it}) + \beta_2 \ln(people_{it}) + \beta_3 erate_{it} + \beta_4 depend_{it}$$
$$+ \beta_5 city_{it} + \beta_6 material_{it} + \beta_7 forest_{it} + \beta_8 frent_{it} + \beta_9 \ln(wood_{it}) + \mu_i + \varepsilon_{it}$$
(4-10)

为了检验解释变量是否存在严重多重共线性问题，通过相关系数矩阵进行观察（表 4-5），可以看出，解释变量相互相关系数较小，初步可认为不存在严重多重共线性。继续引入方差膨胀因子（VIF）进行观察（表 4-5），可以发现两组变量 VIF 值最大值不超过 10，最小值不小于 0，最终验证解释变量不存在多重共线性问题。

表 4-5 解释变量相关系数检验
Table 4-5　Explanatory variables correlation coefficient test

解释变量	pgdp	people	erate	depend	city	material	forest	frent	wood
pgdp	1.000								
people	-0.283	1.000							
erate	-0.188	0.072	1.000						
depend	0.394	-0.305	-0.097	1.000					
city	0.559	-0.518	-0.266	0.119	1.000				
material	-0.181	-0.116	0.146	0.091	0.015	1.000			
forest	-0.101	-0.147	0.192	-0.098	0.059	0.337	1.000		
frent	-0.411	0.035	0.199	-0.010	-0.249	0.812	0.357	1.000	
wood	-0.006	0.333	0.032	-0.348	0.077	0.079	0.126	0.027	1.000
VIF	3.880	4.520	1.270	2.320	2.150	3.830	1.410	5.270	2.630
1/VIF	0.258	0.221	0.787	0.431	0.465	0.261	0.709	0.190	0.380

4.4.1.3　实证结果及其分析

面板数据回归一般分为混合估计、固定效应和随机效应，为了甄别使用哪种回归，首先进行 Breusch-Pagan 检验确定使用混合估计还是固定效应/随机效应，具体结果见表 4-6，表中可以发现 P 值均小于 0.05，拒绝使用混合估计的原假设。因此模型将在固定效应和随机效应中进行选择，进一步使用 Hausman 检验，Hausman 检验结果也均小于 STATA13.0 软件默认原假设为 0.05 值，因此拒绝原假设，表明应选择固定效应进行回归估计。

表 4-6 为木材产业全球价值链前向参与度驱动因素估计结果，其中 $GVCPt\_tf$ 为木材加工业全球价值链前向参与度驱动因素回归模型，$GVCPt\_pf$ 为造纸业全球价值链前向参与度驱动因素回归模型，可以得出：

（1）人均 GDP（$pgdp$），人均 GDP 对各国木材产业全球价值链前向参与度具有显著负影响（$P<0.01$）。说明一国经济发展水平越高，其木材产业参与前向全球价值链分工的程度越低，主要原因在于经济发展水平的提高能够带动木材产业结构调整，促进本国木材产业朝利润更高、技术复杂度更强的木材最终品进行分工生产，因此导致前向的参与程度降低。

（2）人口规模（$people$），人口规模对木材产业全球价值链前向参与度具有显著负向影响（$P<0.01$）。人口规模越大的经济体，具有更为充足的木材产业

工人，更多地是参与木材产业的中后端加工制造，并且人口规模越多的经济体，其自然资源就成为稀缺性资源，能够用来参与原材料或中间品国际分工的资源相对减少，进而削弱了全球价值链前向参与度。

(3) 外贸依存度 (depend)，外贸依存度对木材加工业全球价值链前向参与度具有显著正影响 ($P<0.01$)，这与预期相符。说明一国对外贸易依赖度越高越能够促进木材产业对外贸易水平的提高，因此参与国际分工的程度也较深，从而提升木材产业全球价值链前向参与度。

(4) 农业原材料出口份额 (material)，农业原材料出口份额对木材产业全球价值链前向参与度具有较强影响 ($P<0.05$)。其中，对木材加工业具有较强正影响，但对造纸业具有较强负影响。农业原材料出口份额代表一国第一产业发展水平和对外贸易结构特征，其比重越高说明第一产业在国民经济中的重要性越高，木材加工业的原材料分工生产相比于造纸业更贴近第一产业，因此，对木材加工业的正向影响较强。

(5) 森林覆盖率 (forest)，森林覆盖率对木材产业全球价值链前向参与度具有显著正影响 ($P<0.01$)。森林覆盖率代表一国森林资源的丰富程度。说明就木材产业而言，其森林资源越丰富的经济体，参与木材产业原材料或中间品分工生产的可能性越高，从而提升了木材产业全球价值链前向参与度。

(6) 森林租金占 GDP 比重 (frent)，森林租金占 GDP 比重对木材产业全球价值链前向参与度具有显著负影响 ($P<0.01$)。森林租金代表森林资源的市场价值，森林租金越高，森林资源开发的成本也越高，而木材产业全球价值链前向参与度更多的是以分工生产原材料为主，森林租金越高，木材原材料的获取的成本也越高，因此对木材产业全球价值链前向参与度具有负向影响。

(7) 工业圆木产量 (wood)，工业圆木产量对木材产业中的木材加工业全球价值链前向参与度具有显著正影响 ($P<0.01$)，这与预期相符。木材加工业全球价值链前向参与主要以木材原材料的分工生产为主，而工业圆木是主要的木材原材料，因此一国工业圆木产量越高，越能促进木材加工业的全球价值链前向参与度。

综上，可以发现外贸依存度，森林覆盖率对木材产业全球价值链前向参与度具有显著正向影响，而经济发展水平（人均 GDP），人口规模和森林租金占 GDP 比重对木材产业全球价值链前向参与度具有显著的负向影响，此外，农业原材料出口份额对木材加工业和造纸业分别具有正向和负向影响，工业圆木产量对木材加工业具有显著正影响。

表 4-6　木材产业全球价值链前向参与度驱动因素估计结果

Table 4-6　Estimation results of the driving factors of the forward participation of the GVC in the wood industry

变量		$GVCPt\_tf$	$GVCPt\_pf$
人均 GDP($lpgdp$)		−0.0622***	−0.0218**
		(−6.41)	(−2.10)
人口规模($lpeople$)		−0.183**	−0.208***
		(−2.46)	(−2.60)
汇率($erate$)		−0.0000155	0.0000287
		(−0.89)	(1.50)
外贸依存度($depend$)		0.00264***	0.00293***
		(12.24)	(12.69)
城市化率($city$)		0.244	0.154
		(1.48)	(0.87)
农业原材料出口份额($material$)		0.00600**	−0.00733**
		(2.18)	(−2.48)
森林覆盖率($forest$)		0.0553***	0.0349***
		(11.58)	(6.82)
森林租金占 GDP 比重($frent$)		−0.0928***	−0.0748**
		(−3.28)	(−2.47)
工业圆木产量($lwood$)		0.0679***	0.0252
		(4.06)	(1.41)
_cons		−0.460	0.494
		(−0.76)	(0.76)
Breusch-Pagan test	$chibar2(01)$	1852.66	1828.97
	$Prob >chibar2$	0.0000	0.0000
Hausman test	$chi2(9)$	132.79	63.95
	$Prob>chi2$	0.0000	0.0000
模型估计类型		固定效应	固定效应
N		600	600

注：括号中为 t 统计量取值，***、**、* 分别表示估计结果在 1%、5%、10%的水平上显著。

4.4.2　木材产业全球价值链后向参与度的驱动因素

如果说全球价值链前向参与度反映了一国某行业参与国际原材料或中间品的分工水平，那么全球价值链后向参与度则表明一国某产业对国外中间品的依赖程度，并且主要以生产和出口最终品的方式参与国际分工（Wang 等，

2017a)。木材产业(木材加工业和造纸业)全球价值链的后向参与度作为衡量木材产业的工业水平和参与国际分工的细化程度,有必要对其驱动因素进行系统分析。为此,本节将对木材产业全球价值链后向参与度的主要影响因素进行考察。

4.4.2.1 变量选择与数据来源

具体将包括中国在内的 40 个经济体 2000—2014 年木材产业的全球价值链后向参与度指数值作为被解释变量,表示木材产业全球价值链后向参与度提升水平。解释变量选取如下:

(1)人均 GDP,人均 GDP 反映一国经济发展水平,经济发展水平越高其国内产业也越高级化(牛蕊、郭凯顿,2018),参与产业链后端产品的国际分工生产的比例相对较高。

(2)外贸依存度,一国外贸依存度越高,则本国产业参与国际分工的程度就越高(Miroudot,2016),就木材产业而言,依赖于木材产业最终品生产和出口的经济体,其木材产业全球价值链后向分工程度就越高。

(3)外国直接投资净流入,外商投资增多促进总资本上升,弥补产业发展面临的资金短缺问题,有助于本国企业参与国际分工(张中元、赵国庆,2012;Bunte 等,2018)。

(4)城市化率,城市化率越高越有利于提升工业化水平和生产率(张鸿雁,2011),因此,城市化水平的提高能够促进产业集中度并提供便利的基础设施,有利于企业参与国际分工。

(5)关税,选择各国工业产品加权平均适用税率指标,较低的关税水平能够提升出口贸易的福利效应(倪红福、龚六堂等,2018),有利于木材行业参与国际分工,较高的关税则相反。

(6)技术创新,选择居民专利申请数量作为技术创新指标,代表一国技术研发强度,也代表一国知识产权保护力度(杨珍增、刘晶等,2018;诸竹君、黄先海等,2018),技术的进步有助于本国产业参与国际中高端价值链分工。

(7)汇率,一般来说,一国汇率走低(本币贬值)能够提升国际分工参与水平,而汇率走高(本币升值)将减缓出口贸易流量的增长,不利于该国全球价值链参与度的提升(Chen and Juvenal,2016)。

(8)上市公司总市值占 GDP 比重,上市公司是一国企业发展水平的体现,也是一国参与国际分工的重要载体,因此,上市公司发展水平越高越能促进林业企业参与全球价值链(侯方淼、田朝等,2017)。

(9)工业圆木产量,相关研究表明,产业链前端的产品产量对其参与国际分工的程度具有一定影响(赵晓霞、胡荣荣,2018),其产量越高,也可能会促进产业前向参与度,也可能会抑制后向参与度的提升,但也因各国国情而定,国内圆木产量高,也可为本国木材产业链后端的生产提供资源供给。在确定上述被解释变量和解释变量后,研究样本经济体、时间的选取与木材产业全球价值链前向参与度样本国一致,具体部分解释变量数据来源如下:

表 4-7 解释变量数据来源
Table 4-7 The data sources of explanatory variables

序号	指 标	数据来源
1	外国直接投资净流入	世界银行网站(World Bank)
2	工业产品加权平均适用税率	世界银行网站(World Bank)
3	居民专利申请数量	世界银行网站(World Bank)
4	上市公司总市值占 GDP 比重	世界银行网站(World Bank)

注:本部分只对表 4-3 中未出现的变量进行数据来源说明。

4.4.2.2 模型设定

依据上述被解释变量以及解释变量的定义,设定如下半对数计量经济学模型:

$$GVCPt\_tb_{it} = \lambda_0 + \lambda_1 \ln(pgdp_{it}) + \lambda_2 depend_{it} + \lambda_3 fdi_{it} + \lambda_4 city_{it} + \lambda_5 tariff_{it} + \lambda_6 \ln(tech_{it}) + \lambda_7 erate_{it} + \lambda_8 company_{it} + \lambda_9 \ln(wood)_{it} + \mu_i + \varepsilon_{it}$$
(4-11)

$$GVCPt\_pb_{it} = \chi_0 + \chi_1 \ln(pgdp_{it}) + \chi_2 depend_{it} + \chi_3 fdi_{it} + \chi_4 city_{it} + \chi_5 tariff_{it} + \chi_6 \ln(tech_{it}) + \chi_7 erate_{it} + \chi_8 company_{it} + \chi_9 \ln(wood)_{it} + \mu_i + \varepsilon_{it}$$
(4-12)

公式 4-11 和 4-12 中 $GVCPt\_tb$ 和 $GVCPt\_pb$ 分别表示木材加工业和造纸业全球价值链后向参与度,$pgdp$ 为各国人均 GDP,$depend$ 表示各国外贸依存度,fdi 为各国外国直接投资净流入,$city$ 为各国城市化率,$tariff$ 表示关税,$tech$ 为技术创新,$erate$ 表示各国货币兑换美元汇率,$company$ 为各国上市公司总市值占 GDP 比重,$wood$ 为各国工业圆木产量。λ,χ 为待估参数,具体变量统计与说明见表 4-8。

表 4-8 变量统计与预期影响方向
Table 4-8 Variable statistics and expected impact direction

变量类型	变量说明	均值	标准差	预期影响方向
被解释变量	木材加工业全球价值链后向参与度（$GVCPt\_tb$）	0.248	0.113	/
	造纸业全球价值链后向参与度（$GVCPt\_pb$）	0.300	0.115	/
解释变量	人均GDP（$pgdp$, 美元）	27,550.910	22,733.640	+
	外贸依存度（$depend$, %）	86.751	53.361	+
	外国直接投资净流入（fdi, 万美元）	3381095.000	6637367.000	+
	城市化率（$city$, %）	0.710	0.137	+
	关税：工业产品加权平均适用税率（$tariff$, %）	2.818	3.157	−
	技术创新：居民专利申请量（$tech$, 万件）	2.711	8.271	+
	汇率（$erate$, 1美元的本币单位）	279.301	1,501.888	−
	上市公司总市值占GDP比重（$company$, %）	58.919	48.218	+
	工业圆木产量（$wood$, 万立方米）	3,670.646	6,968.660	+/−

通过相关系数矩阵进行观察（表 4-9），可以看出，解释变量相互相关系数较小，初步认为不存在严重多重共线性。继续引入方差膨胀因子（VIF）进行观察，可以发现两组变量 VIF 值最大值不超过 10，最小值不小于 0，验证了解释变量不存在多重共线性问题。

表 4-9 解释变量多重共线性检验
Table 4-9 Multiple colinearity test for explanatory variables

解释变量	pgdp	depend	fdi	city	tariff	patent	erate	company	wood
pgdp	1.000								
depend	0.394	1.000							
fdi	0.170	−0.104	1.000						
city	0.559	0.119	0.161	1.000					
tariff	−0.372	−0.278	0.002	−0.315	1.000				
patent	0.025	−0.259	0.397	0.078	0.009	1.000			
erate	−0.188	−0.097	−0.068	−0.266	0.081	−0.026	1.000		
company	0.567	0.080	0.264	0.412	−0.113	0.125	−0.086	1.000	
wood	−0.006	−0.348	0.486	0.077	0.194	0.418	0.032	0.236	1.000
VIF	3.630	2.080	1.290	2.040	1.730	2.250	1.170	1.480	1.830
1/VIF	0.275	0.481	0.775	0.491	0.579	0.444	0.853	0.675	0.546

4.4.2.3 实证结果及其分析

表 4-10 为木材产业全球价值链后向参与度驱动因素估计结果，其中模型 $GVCPt\_tb$ 和模型 $GVCPt\_pb$ 分别为木材加工业全球价值链后向参与度驱动因素回归模型和造纸业全球价值链后向参与度驱动因素回归模型，基于回归结果可以得出：

（1）人均 GDP（$pgdp$），人均 GDP 对木材产业全球价值链后向参与度具有较强正影响（$P<0.05$），尤其对造纸业后向参与度具有显著正影响（$P<0.01$）。说明经济发展水平的提高能够促进一国木材产业积极参与木材制成品的国际分工，对全球价值链后向分工的促进作用更加明显。

（2）外贸依存度（$depend$），外贸依存度对木材产业全球价值链后向参与度具有显著正向影响（$P<0.01$），说明外贸依存度越高，木材产业全球价值链后向参与度越高，这与张会清、翟孝强（2017）研究制造业全球价值链参与度的结论类似。由于木材产业属于制造业中的重要行业之一，包括中国在内的全球木材产业主要也是通过加工贸易为主嵌入全球价值链，因此，外贸依存度促进了全球价值链后向参与度符合预期。

（3）外国直接投资净流入（fdi），外国直接投资净流入对木材产业全球价值链后向参与度具有一定负影响（$P<0.10$），这与预期相悖，由于变量回归系数极小，所以这种实际负向作用不大。一般而言，外国直接投资较高的国家多为制造业产业相对完善的国家（乔小勇等，2017），其木材产业具有较为齐全的产业链条，因此参与国际分工的程度可能会降低。

（4）城市化率（$city$），城市化率对木材产业全球价值链后向参与度具有显著正影响（$P<0.01$），与预期相符。在多数国家中，木材产业集聚区也就是木材部分中间品和最终品生产集群一般分布在城市周围，而城市拥有更便捷的物流、通信服务和完善的金融体系（Baldwin and Lopez-Gonzalez，2015），因此，一国城市化率越高则越有利于木材产业全球价值链的后向参与。

（5）技术创新（$tech$），技术创新对造纸业具有显著负向影响（$P<0.01$），这与预期相悖。可能的原因在于，本文技术创新指标为居民专利申请量，而造纸业属于技术密集型产业，也就是说，如果本国相关技术和发明专利较多，那么本国将形成一套成熟、高效率的产业链，只是在销售过程中会参与全球价值链，因此，相比于原来的技术创新不足时期，其参与度可能会降低。

综上，可以发现经济发展水平（人均 GDP），外贸依存度，城市化率对木材产业全球价值链后向参与度具有正向影响，而外国直接投资净流入对木材产业全球价值链后向参与度具有负向影响。此外，关税对木材加工业后向参与度有一定正影响。

表 4-10　木材产业全球价值链后向参与度驱动因素估计结果

Table 4-10　Estimation results of drivers of global participation in the wood industry GVC

变　　量		GVCPt_tb	GVCPt_pb
人均 GDP（lpgdp）		0.00449*	0.0139***
		(1.80)	(3.93)
外贸依存度（depend）		0.00149***	0.00163***
		(23.08)	(16.93)
外国直接投资净流入（fdi）		-3.62e-10*	-9.02e-10***
		(-1.90)	(-3.37)
城市化率（city）		0.200***	0.444***
		(4.63)	(5.91)
关税（tariff）		0.000867*	0.000165
		(1.83)	(0.25)
技术创新（ltech）		-0.00249	-0.0136***
		(-1.12)	(-3.84)
汇率（erate）		-0.00000187	-0.00000587
		(-0.46)	(-0.76)
上市公司总市值占 GDP 比重（company）		0.00000664	-0.00000661
		(0.19)	(-0.13)
工业圆木产量（lwood）		-0.00453	-0.00917
		(-1.18)	(-1.29)
_cons		-0.0407	-0.245***
		(-0.95)	(-3.63)
Breusch-Pagan test	chibar2(01)	3001.98	2023.19
	Prob>chibar2	0.0000	0.0000
Hausman test	chi2(8)	13.52	41.80
	Prob>chi2	0.0951	0.0000
模型估计类型		随机效应	固定效应
N		600	600

注：括号中为 t 统计量取值，***、**、*分别表示估计结果在 1%、5%、10% 的水平上显著。

4.4.3　稳健性讨论

为了检验上述木材产业前向和后向参与度驱动因素回归结果的稳健性，将 39 个贸易伙伴国分为发达和发展中经济体样本（表格中，分别以 developed 和 developing 表示发达经济体组和发展中经济体组），将中国与两组样本的全球价值链前向参与度与后向参与度差值作为被解释变量，解释变量与主回归保持一致,继续进行实证检验(表4-11和4-12)。可以发现,木材产业前向参与度的分经济体类型的检验结果与主回归结果(表4-6)在主要变量的显著性水平上差异不大,并且变量的影响方向基本保持一致,因此上述木材产业前向参与度驱动因素的回归结果是稳健的。

表4-11 木材产业全球价值链前向参与度稳健性检验结果

Table 4-11 wood industry GVC forward participation robustness test results

变量类型	变量	$GVCPt\_tf$ developed	$GVCPt\_tf$ developing	$GVCPt\_pf$ developed	$GVCPt\_pf$ developing
	人均GDP($lpgdp$)	-0.0704***	-0.0536***	-0.0562**	0.00544
		(-3.37)	(-4.15)	(-2.11)	(0.43)
	人口规模($lpcople$)	0.223	-0.0612	0.351**	-0.315**
		(1.62)	(-0.48)	(2.28)	(-2.42)
	汇率($erate$)	-0.0000246	0.00000518	0.000115	0.00003
		(-0.17)	(0.30)	(0.73)	(1.70)
	外贸依存度($depend$)	0.00115***	0.00314***	0.00189***	0.00265***
		(3.46)	(9.83)	(5.11)	(8.09)
	城市化率($city$)	0.989***	-0.403	0.627**	-0.213
		(4.47)	(-1.61)	(2.54)	(-0.83)
	农业原材料出口份额($material$)	0.00531	0.00852***	0.0136	-0.0109***
		(0.70)	(2.92)	(1.60)	(-3.65)
	森林覆盖率($forest$)	0.0332***	0.0644***	0.0185**	0.0303***
		(4.42)	(9.13)	(2.21)	(4.19)
	森林租金占GDP比重($frent$)	0.740***	-0.0914***	0.539***	-0.0169
		(3.35)	(-2.86)	(2.18)	(-0.51)
	工业圆木产量($lwood$)	0.0682***	0.0274	0.0160	-0.00144
		(3.32)	(0.92)	(0.70)	(-0.05)
	_cons	-3.107***	-1.328	-3.020***	1.588
		(-3.44)	(-1.19)	(-2.99)	(1.39)
Breusch-Pagan test	chibar2(01)	796.26	347.25	1219.10	307.84
	Prob>chibar2	0.0000	0.0000	0.0000	0.0000
Hausman test	chi2(9)/chi2(8)	54.46	68.42	25.13	37.62
	Prob>chi2	0.0200	0.0000	0.0028	0.0000
	模型估计类型	固定效应	固定效应	固定效应	固定效应
	N	345	255	345	255

注:括号中为t统计量取值,***、**、*分别表示估计结果在1%、5%、10%的水平上显著。

表4-12中,采用经济体类型分组回归的稳健性检验结果显示,与主回归(表4-10)相比,尽管个别变量的显著性水平存在差异,但主要变量的基本的

影响较为稳定,并且在影响方向上,主要变量也保持了一致,因此,部分变量的影响差异并不影响最终的经济解释,因此上文木材产业全球价值链后向参与度驱动因素的回归结果是稳健的。

表4-12 木材产业全球价值链后向参与度稳健性检验结果

Table 4-12 Results of the post-participation robustness test of the GVC of the wood industry

变量类型	变量	$GVCPt\_tb$ developed	$GVCPt\_tb$ developing	$GVCPt\_pb$ developed	$GVCPt\_pb$ developing
	人均GDP($lpgdp$)	0.00593	0.00373	0.0293***	0.00411
		(1.11)	(1.29)	(4.06)	(1.20)
	外贸依存度($depend$)	0.00129***	0.00150***	0.00104***	0.00196***
		(12.31)	(16.40)	(7.34)	(18.02)
	外国直接投资净流入(fdi)	-3.77e-10*	2.96e-10	-9.61e-10***	6.66e-10
		(-1.77)	(0.47)	(-3.35)	(0.89)
	城市化率($city$)	0.393***	0.0762	0.818***	-0.125
		(5.04)	(1.21)	(7.78)	(-1.56)
	关税($tariff$)	-0.00167	0.000895*	-0.00622	0.000110
		(-0.44)	(1.93)	(-1.23)	(0.20)
	技术创新($ltech$)	-0.00485	-0.00102	-0.0253***	0.00385
		(-1.41)	(-0.30)	(-5.46)	(0.93)
	汇率($erate$)	0.0000110	0.000000586	0.0000507	0.00000131
		(0.22)	(0.16)	(0.75)	(0.27)
	上市公司总市值占GDP比重($company$)	0.0000123	0.0000385	0.0000585	-0.0000130
		(0.27)	(0.56)	(0.94)	(-0.16)
	工业圆木产量($lwood$)	0.0111	-0.0233***	0.00292	-0.0197**
		(1.60)	(-3.77)	(0.31)	(-2.56)
	$\_cons$	-0.250***	0.176***	-0.0780***	0.332***
		(-3.54)	(2.85)	(-6.96)	(4.33)
Breusch-Pagan test	$chibar2(01)$	568.02	1182.49	486.58	1165.78
	$Prob>chibar2$	0.0000	0.0000	0.0000	0.0000
Hausman test	$chi2(9)/chi2(7)$	39.67	8.10	50.25	9.49
	$Prob>chi2$	0.0000	0.2310	0.0000	0.1481
	模型估计类型	固定效应	随机效应	固定效应	随机效应
	N	345	255	345	255

注:括号中为t统计量取值,***、**、*分别表示估计结果在1%、5%、10%的水平上显著。

4.5 本章小结

本章利用 Wang 等(2017a)构建的最新的全球价值链参与度指数测度了木材产业的全球价值链参与程度，同时与主要贸易伙伴国进行比较，得出木材产业全球价值链参与度的具体特征。进一步运用面板数据计量回归模型实证分析木材产业参与全球价值链的影响因素，得出以下结论：

（1）木材产业全球价值链参与度测度结果表明，中国木材产业主要以后向参与的方式嵌入全球价值链，也就是主要参与木材最终品的国际分工生产。而造纸业在前向和后向参与度上均要高于木材加工业，说明造纸业参与国际分工程度更高。总体而言，2000—2014 年中国木材产业无论是全球价值链前向参与度还是后向参与度在未来都有较大提升空间，尤其是在后向参与度上要更为积极地参与国际分工生产。

（2）木材产业全球价值链参与程度不高主要有以下原因，一是由于国内木材原材料输出不多，加之现有木材产业主要以生产最终品为主，因此导致前向参与度较低。二是由于国内木材产业链相对完整，并且部分中小木材企业虽为出口导向型，但主要参与的是国内产业链的分工，参与国际分工频率较低，而中大型企业是参与国际分工的主体，但当前中国中大型木材企业的比例并不高。因此，未来应加强跨国木材企业的培育，提升国际分工的参与度，吸收国际先进技术和经验。

（3）实证分析木材产业前向和后向参与度的驱动因素发现，外贸依存度，森林覆盖率对木材产业全球价值链前向参与度具有显著正向影响，而经济发展水平（人均 GDP），人口规模和森林租金占 GDP 比重对木材产业全球价值链前向参与度具有显著的负向影响，此外，农业原材料出口份额对木材加工业和造纸业分别具有正向和负向影响，工业圆木产量对木材加工业具有显著正影响。

（4）经济发展水平（人均 GDP），外贸依存度，城市化率对木材产业全球价值链后向参与度具有正向影响，而外国直接投资净流入对木材产业全球价值链后向参与度具有负向影响。此外，关税对木材加工业后向参与度有一定正影响。

Chapter 5 第5章
木材产业贸易收益测度：基于增加值贸易核算法

从传统贸易统计视角下已得出中国木材产业进出口额在世界市场上占据较大的份额，具有举足轻重的地位。但不可忽视的是，当前存在大量中间品贸易的事实下，一国出口贸易额中既含有本国增加值也包含了国外增加值。也就是说，中国木材产业巨大的进出口份额下，尤其是在出口额上或许包含了其它原材料或中间品供应国的国外价值(增加值)。正因如此，在分析一国特定产业部门的贸易竞争力时，真正值得关注的往往是出口贸易额中所包含的本国增加值(蒋业恒、陈绍志，2016)。另外，当前中美双边贸易收益分配不均已成为双方争论的焦点之一，并引起了包括双边林产品在内的贸易摩擦问题，而双边林产品贸易摩擦背后同样反映出双边贸易利益之争，但引致贸易利益分配不均的原因多样，其中，传统贸易统计方式隐藏的统计缺陷是最重要的问题之一。上文分别从传统贸易统计视角分析了中国木材产业发展现状，分析了中国木材产业全球价值链参与程度及其动因。因此，可以明确的是中国木材产业已嵌入全球价值链中，但在全球价值链分工体系中其贸易收益究竟如何，与传统贸易统计结果又有何差异，与世界主要经济体相比又有何特征？尚不得而知，因此有必要对中国木材贸易真实既得进行解构。

5.1 理论基础

基于产业关联理论和增加值贸易理论可知，传统贸易核算忽视了世界各国或部门间的贸易联系以及中间品贸易份额。因此，这种传统贸易核算结果尚不能真实反映一国贸易收益的真实情况，甚至夸大了国际贸易收益分配失衡，是造成贸易摩擦的潜在因素(王直、魏尚进等，2015)。木材产业贸易也逃不出这样的怪圈，传统的贸易核算方式也严重高估了一国木材产业贸易增加值。而中国作为世界木材进出口贸易最大的国家之一，得出其真实木材贸易收益，核算出实际贸易增加值就显得尤为必要。

在木材产业全球价值链中，森林资源较为丰富的国家或地区在产业链上提供原材料，木材工业基础相对完善的国家分工生产中间品或最终品。多数发展中经济体主要以来料加工生产为主，缺乏自主的木材产业品牌和创新能力，只赚取低廉的加工收益。而一些生产较高附加值的木材产品厂商或经济体则具有高端产品制造能力和技术优势，并且具有较强的创新能力，攫取了大量贸易收益。尽管上述论述道出了全球价值链视角下木材产业贸易收益的分配规律，但一直以来缺乏有效的方法来加以验证。随着 Wang 等（2013）提出总贸易核算法（也称为 WWZ 方法，增加值贸易核算方法中最新的方法之一）后，全球价值链分工体系下的各国国家到产业部门层面的贸易收益的准确测度成为可能，并且 WWZ 方法已达到完善地步（倪红福，2018）。基于上述理论研究与梳理，本部分将利用 WWZ 方法对木材产业增加值贸易进行细致分解，以期核算出木材产业贸易的真实收益。

5.2 增加值贸易分解模型及其应用

在上文所述的中间品贸易在国际贸易中越来越盛行的情况下，增加值贸易核算模型的出现，为解构出木材产业真实贸易利得提供了可能，增加值贸易核算模型是全球价值链分析框架下解构贸易国内和国外增加值最为核心的方法，目前相关研究方法有 Koopman，王直和魏尚进等学者提出的 KPWW 以及 WWZ 分解方法（Koopman 等，2010；Wang 等，2010；Wang and Wei，2013）。其中，WWZ 方法是当前全球价值链增加值贸易核算最为完善的方法，不仅能够分解国家层面的增加值也能分解到行业部门层面，相较于其它增加值分解方法，其分解结果也更为精细（倪红福，2018）。WWZ 方法以 WIOD 发布的世界投入产出表为研究基础，现有的世界投入产出表在产品类型上严格区分了在国际分工中一国的国内中间品投入和进口的中间品投入份额，与此同时，还明确了进口中间品投入的实际来源国别和行业部门（Timmer 等，2013）。

例如：假设世界上有 m 个国家或地区，每个国家（地区）具有 n 个部门（见第 4 章表 4-1），较为详细地列出每个国家（地区）行业部门间的投入产出关系。为了简化推导步骤，本部分以三国模型为例：r，s，t 分别表示 r 国，s 国和 t 国，Z_{rs} 和 Y_{rs} 分别代表 r 国产品被 s 国用于中间产品和最终产品生产的部分，VA_r 和 X_r 分别表示 r 国的增加值以及产出，依次类推（吕冠珠，2017）。

依据王直、魏尚进等（2015）的推导①，r 国向 s 国的出口增加值可分解为 16 个部分，具体各部分联系见图 5-1：

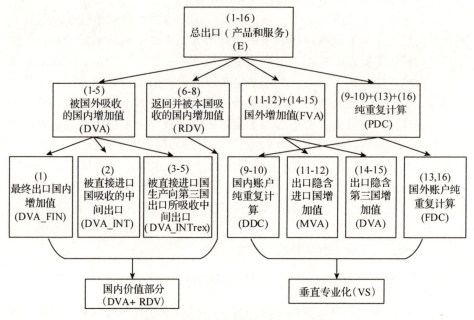

图 5-1　增加值各部分经济含义框架图

Figure 5-1　Framework of the economic meaning of each part of the added value

资料来源：王直、魏尚进等（2015）研究成果。

其中，DVA 是被 s 国吸收的 r 国国内增加值；RDV 为出口但最终回到 r 国并被本国吸收的 r 国增加值；FVA 为用于生产 r 国出口的 s 国增加值；PDC 为 r 国出口中的纯重复计算部分，而 DVA 可根据被消耗的去向或路径解构为：本国最终品出口所产生的国内增加值 DVA_FIN；出口至他国中间品并被吸收的国内增加值 DVA_INT；出口的中间品被直接进口国用来出口进而被第三国消耗的国内增加值 DVA_INTrex。此外，FVA 可解构为：出口最终品中包含的国外增加值 FVA_FIN；出口中间品包含的国外增加值 FVA_INT。最后，PDC 包括国内、国外增加值重复统计的部分 DDC，FDC（吕冠珠，2017）。

---

① 详细推导过程见"王直，魏尚进，祝坤福. 总贸易核算法：官方贸易统计与全球价值链的度量 [J]. 中国社会科学，2015(09)：108-127."。

5.3 木材产业增加值贸易总出口分解

5.3.1 增加值贸易分解：总产业层面

表 5-1 为基于 WWZ 方法的中国木材产业总出口增加值分解，TEXP 为总出口增加值，其余统计指标可参见图 5-1。限于篇幅，本节有关增加值分解的年份参考既有研究均以五年为间隔（王直、魏尚进等，2015），分别取 2000、2004、2009 和 2014 年的总出口增加值分解。从表中可以看出：

首先，中国出口 42 个 WIOD 国家及地区的木材产业总增加值呈现快速增长的趋势，2014 年总出口增加值是 2000 年的 9 倍。其中主要以国内增加值为主（DVA+RDV），国内增加值是反映一国真实出口贸易利得的实际值，也就是剔除造成统计值虚高的国外增加值（MVA+OVA）和重复计算（PDC）部分的增加值。其次，在增加值率上，也就是国内增加值（DVA+RDV）占总出口增加值（TEXP）的比重，是反映一国某产业增值能力的重要体现，可以得出，2000 年中国木材产业增加值率为 87.0%，而 2014 年增加值率为 85.6%，呈现小幅下降趋势，但整体较为平稳。

另外，从出口增加值的结构来看，国内增加值中被进口国直接吸收的中间品出口（DVA_INT）所占比重最大，但所占比重呈现下降趋势，由 2000 年的 54.0% 下降到 2014 年的 51.4%。而同属中间品口的 DVA_INTrex 比重则由 2000 年的 13.0% 上升到 2014 年的 14.9%，也就是说当前木材产业增加值主要由中间品出口增加值构成，四个年份平均中间品出口增加值比重达到 64.3%。在国外增加值份额上，也就是中国木材产业出口制成品中包含的进口别国的原材料或相关价值（MVA 和 OVA），这两部分在传统贸易增加值的统计上被认为是本国出口增加值的一部分，但实际上，这并不是本国出口最终品所产生的属于自己的增加值，需要剔除后才能反映真实的出口增加值。从表中可以发现，这两部分大致占据当前中国木材产业出口增加值的 10% 以上份额，加上重复计算的部分（PDC），当前传统统计方式得出的中国木材产业出口增加值需要剔除至少 13% 或以上份额。

为了更为直观地反映 2000—2014 年木材产业整体总出口增加值分解出的各部分的结构和比例，本文以通过这一时期国内和国外以及重复计算的增加值的年均值来刻画这一具体现状（图 5-2），在 15 年间木材产业出口增加值的第一贡献部分为 DVA_INT 值，占总出口增加值的 50% 左右的份额，其后依次是 DVA_FIN 值、DVA_INTrex 值、OVA 值、PDC 值和 MVA 值。年均出口增加值的各部分构成比重与上文各年度的统计保持了一致，说明木材产业出口增加值的整体结构较为平稳。

表 5-1 中国木材产业总出口增加值分解(单位：百万美元,%)
Table 5-1 Decomposition of china's wood industry total export value added (Unit: USD Million, %)

年份	价值/比重	TEXP	DVA	DVA_FIN	DVA_INT	DVA_INTrex	RDV	MVA	OVA	PDC
2000	价值	2149.4	1847.9	409.2	1158.3	280.5	13.7	17.8	218.8	51.1
	比重	100.0	86.0	19.0	54.0	13.0	1.0	1.0	10.0	2.0
2004	价值	4589.7	3794.2	1014.8	2231.6	547.9	37.5	40.5	582.8	134.7
	比重	100.0	83.0	22.0	49.0	12.0	1.0	1.0	13.0	3.0
2009	价值	8359.0	7161.6	1906.9	4183.5	1071.2	96.0	48.7	839.2	213.5
	比重	100.0	86.0	23.0	50.0	13.0	1.0	1.0	10.0	3.0
2014	价值	19709.6	16537.7	3482.5	10122.4	2932.7	343.6	99.3	2064.9	664.2
	比重	100.0	83.9	17.7	51.4	14.9	1.7	0.5	10.5	3.4

注：TEXP=DVA+RDV+MVA+OVA+PDC； DVA=DVA_FIN+DVA_INT+DVA_INTrex。
数据来源：2016 版世界投入产出表(WIOTs)核算。

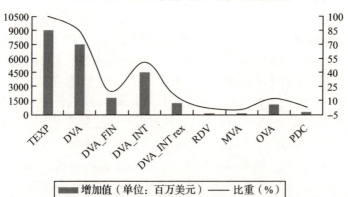

图 5-2 2000—2014 年中国木材产业年均出口增加值分解
Figure 5-2 Decomposition of the annual average value added of China's wood industry from 2000 to 2014

5.3.2 增加值贸易分解：细分行业层面

上文从木材产业整体出发，详细解构了中国木材产业 2000—2014 年出口增加值的分解情况，初步掌握木材产业出口增加值的具体构成和增长趋势，作为木材产业下的细分行业，木材加工业和造纸业在产品特征、出口市场或结构上存在差异。为此，本文继续对木材加工业和造纸业的出口增加值进行分解。首先，通过 WWZ 方法分解后得出的上述两个细分行业的总出口增加值如图 5-3 所示，可以发现：

（1）21 世纪初木材加工业和造纸业总增加值较为接近，均在 100 亿美元左右，但在 2003 年后两类产业的出口增加值差距逐渐拉大。其中，木材加工业出口增加值增速要明显快于造纸业，并且占木材产业份额一度达到 70%以上，说明 2003 年以后是木材加工业大发展时期。

（2）值得注意的是，2009 年木材产业总出口增加值增速为负增长，而主要下降的细分行业为木材加工业，造纸业并无明显下降趋势，可能的原因是 2008 年金融危机对木材产业的出口造成一定影响，木材加工业受金融危机的负影响较大。

（3）2010—2014 年，木材产业出口增加值又呈现逐年增长的趋势，在这一时期，造纸业出口增加值增速则高于木材加工业，最终造纸业出口增加值占总出口增加值的 40%左右。

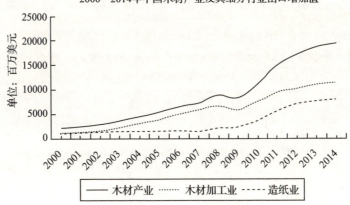

图 5-3　2000—2014 年中国木材产业及其细分行业出口增加值
Figure 5-3　Export value added of China's wood industry and its sub-sectors from 2000 to 2014

为了进一步了解木材加工、造纸业的出口增加值构成特征，有必要继续对上述两类细分行业的出口增加值进行详细分解。表 5-2 为木材加工业出口增加值分解，从表中可以得出以下几点：

（1）从国内增加值上来看，2000 年、2004 年、2009 年和 2014 年木材加工业 DVA 与 RDV 的和占总出口增加值的比重分别为 87.5%、84.5%、87.7%和 86.6%，整体波动幅度较小，在 85%上下浮动，这与总的木材产业国内增加值的比重和浮动水平相当。而同时期的造纸业的国内增加值比重分别为 85.6%、81.3%、84.5%和 84.2%，整体处于下降的趋势，说明造纸业的出口增加值中，属于国内获取的贸易收益在下降。究其原因，可能与该行业的中间品进口量增加有关，相关研究也证实近年来中国进口纸浆的规模和增幅持续增大（何畅、缪东玲，2018）。一旦中间品进口量增加，那么最终制成品（最终品）中隐含的别国增加值也会增加，进而导致出口的行业或产品国内增加值比重下降。

（2）从出口增加值的结构来看，国内增加值中，两类细分行业均与木材产业一致，其DVA_INT值比重最高，这说明当前中国木材产业的出口增加值中，被直接进口国吸收的中间出口是中国木材产业国内收益的主要来源。在国外增加值部分，也就是非本国真实贸易增加值的那部分中，OVA值比重较高，这也与木材产业一致，说明当前中国木材产业虚算的统计值主要集中在出口隐含其他国家增加值的部分，也就是上文介绍由于进口过多的中间品作为最终品的组合材料，从而导致中间品种包含的其他国家出口价值比重增加。

（3）需要注意的是，无论是木材加工还是造纸业的出口重复计算部分（PDC）都是随着出口总增加值的增加，其比重也越来越高。这就显得通过

表 5-2　木材产业的细分行业出口增加值分解（单位：百万美元，%）

Table 5-2　Decomposition of export value added by segmentation industry of wood industry (Unit: USD million, %)

行业	年份	价值/比重	TEXP	DVA	DVA_FIN	DVA_INT	DVA_INTrex	RDV	MVA	OVA	PDC
木材加工业	2000	价值	1143.4	995.0	370.5	500.4	124.1	5.3	7.9	115.1	20.2
		比重	100.0	87.0	32.4	43.8	10.9	0.5	0.7	10.1	1.8
	2004	价值	3105.6	2602.1	869.4	1378.5	354.2	22.0	22.6	380.6	78.2
		比重	100.0	83.8	28.0	44.4	11.4	0.7	0.7	12.3	2.5
	2009	价值	5983.6	5188.3	1438.7	3006.7	742.8	61.9	28.8	570.6	134.1
		比重	100.0	86.7	24.0	50.2	12.4	1.0	0.5	9.5	2.2
	2014	价值	11671.8	9919.7	2059.3	6217.1	1643.3	189.6	48.0	1172.8	341.6
		比重	100.0	85.0	17.6	53.3	14.1	1.6	0.4	10.0	2.9
造纸业	2000	价值	1006.0	853.0	38.7	657.9	156.3	8.4	9.9	103.8	30.9
		比重	100.0	84.8	3.8	65.4	15.5	0.8	1.0	10.3	3.1
	2004	价值	1484.1	1192.1	145.3	853.1	193.7	15.5	17.9	202.1	56.4
		比重	100.0	80.3	9.8	57.5	13.1	1.0	1.2	13.6	3.8
	2009	价值	2375.3	1973.4	468.1	1176.8	328.4	34.1	19.9	268.9	79.4
		比重	100.0	83.1	19.7	49.5	13.8	1.4	0.8	11.3	3.3
	2014	价值	8037.9	6618.0	1423.2	3905.3	1289.4	153.9	51.2	892.1	322.6
		比重	100.0	82.3	17.7	48.6	16.0	1.9	0.6	11.1	4.0

数据来源：2016 版世界投入产出表（WIOTs）核算。

WWZ 方法来分解出真实的增加值就尤为必要，否则，未来随着木材产业的出口规模的不断扩大，传统统计方法将进一步夸大出口增加值"水分"，既不利于木材产业对外贸易合作，也不利于相关产业出口政策的制定。

5.4 木材产业增加值贸易的出口国别分解

5.4.1 出口主要经济体增加值分解

继续运用 WWZ 方法将中国出口 42 个主要 WIOD 国家及地区的增加值贸易进行解构，限于篇幅，本部分只放置了出口额较高的前 20 个国家及地区，出口全部国家及地区的增加值。表 5.3 为中国出口主要经济体木材增加值分解，可以得出：

（1）从出口增加值贸易总额来看，中国出口木材贸易增加值前十位经济体中主要以发达经济体为主，出口到发展中经济体的贸易增加值总额相对较低。具体而言，中国出口木材贸易额最高的经济体为美国，年均出口额达 25 亿美元以上，高于第二大出口对象国日本 10 亿美元以上，出口到其余经济体的贸易额均在 10 亿美元以下，2000—2014 年期间，美国是中国最大的木材贸易进口国。而在 20 个样本经济体中，印度尼西亚（印尼）是中国木材贸易出口额最大的发展中经济体，年均出口额在 1.5 亿美元左右。

（2）从出口增加值贸易结构来看，出口 20 个样本经济体的增加值主要以国内增加值为主，其次是国外增加值和重复计算部分。可以发现，出口到发达经济体的增加值中隐含的国外增加值较大，而出口发展中经济体的增加值中隐含的国外增加值相对较小。说明中国出口到发达经济体的木材产品中使用了较高比例的中间品，而出口发展中经济体木材产品中包含的中间品比例可能相对较小。另外，并不是出口增加值贸易额越大的经济体，其隐含的国外增加值就高，例如英国（499.1）或德国（420.5），中国出口上述两国的木材产品增加值贸易额分别小于韩国（582.7）和加拿大（463.0），但出口英国的贸易额中隐含的国外增加值上却分别高于韩国和加拿大，说明针对不同的出口贸易国，其隐含的国外增价值存在差异。而在贸易增加值重复计算部分（PDC），其比重（占总出口增加值比例）整体平均水平已接近 5%，说明在传统贸易核算方式下，重复计算的比例已较高，其核算准确性随着中间品贸易的频繁将逐年下降。

表 5-3 2000—2014 年中国出口主要经济体木材产业贸易年均增加值分解（单位：百万美元）
Table 5-3 Decomposition of annual average value added of wood industry trade in major exporting countries in China from 2000 to 2014（unit：USD million）

经济体	TEXP	DVA	DVA_FIN	DVA_INT	DVA_INTrex	RDV	MVA	OVA	PDC
美 国	2561.5	2147.6	624.6	1342.2	180.8	13.3	29.8	323.5	47.2
日 本	1501.7	1254.2	295.9	865.3	93.0	18.9	13.3	186.8	28.6
韩 国	582.7	461.1	48.1	293.6	119.5	28.2	2.8	56.2	34.3
英 国	499.1	420.4	83.1	259.0	78.4	3.3	0.8	58.1	16.4
加拿大	463.0	389.1	62.8	235.8	90.5	4.6	1.4	49.0	18.8
德 国	420.5	351.3	110.3	138.3	102.7	6.1	1.5	40.5	21.1
澳大利亚	337.0	279.3	46.8	205.1	27.4	5.3	1.9	42.3	8.0
中国台湾	301.6	235.0	23.6	145.6	65.8	16.4	1.0	28.8	20.4
法 国	242.6	204.4	55.0	106.6	42.8	1.7	0.4	27.4	8.7
荷 兰	228.3	192.5	51.6	86.4	54.5	1.8	0.2	23.1	10.7
俄罗斯	206.4	173.7	47.7	104.3	21.6	2.1	1.3	24.3	5.0
意大利	204.2	171.2	43.5	83.2	44.5	2.0	0.2	21.8	8.9
西班牙	160.4	135.4	37.1	71.4	26.9	0.7	0.1	18.8	5.4
印度尼西亚	151.5	125.0	11.3	94.1	19.5	2.6	0.5	18.2	5.2
墨西哥	133.0	112.2	19.5	60.0	32.7	0.7	0.1	13.7	6.3
比利时	129.7	108.9	19.0	47.0	42.9	1.4	0.1	11.1	8.3
土耳其	112.9	94.8	13.4	56.5	24.5	0.7	0.1	12.7	5.1
巴 西	88.8	73.7	14.6	50.1	9.0	1.1	0.4	11.2	2.4
爱尔兰	64.1	53.7	3.7	31.4	18.6	0.5	0.1	6.2	3.6
瑞 典	63.0	52.6	12.6	23.6	16.4	0.7	0.1	6.1	3.3

注：_FIN 为最终品，_INT 为被进口国直接消耗的中间品，_INTrex：为被第三国消耗的中间品。MVA 为进口国增加值，OVA 为其他国增加值。

数据来源：2016 版世界投入产出表（WIOTs）核算。

进一步研究木材产业的细分行业，即木材加工业和造纸业的出口增加值贸易国别分布情况，表 5-4 为中国出口主要经济体木材加工业增加值贸易分解，按照出口额从大到小的顺序取前 20 名经济体，可以得出：

（1）从出口总额上，美国是中国木材加工业最大出口目的国，总出口额超 12 亿美元，主要出口目的国以发达经济体为主，在样本中占 70%，而出口美国、日本和韩国的年均增加值最高，三国年均出口额总和超 25 亿美元，而出

（2）从出口增加值贸易结构来看，同样是国内增加值为出口总额的主要构成部分，其中主要以中间品（DVA_INT）出口为主，最终品（DVA_FIN）出口占次席份额。国外增加值中，出口隐含的其他经济体增加值（OVA）占主要份额。值得注意的是，出口部分经济体重复计算部分（PDC）比重接近国外增加值份额，接近出口总增加值的6%或以下水平。

综上，增加值贸易视角下，木材加工业出口贸易额结构和市场特征与木材总产业相似，但仍存在一定差异，如韩国跃升至出口市场的第三位，出口最大的发展中经济体为墨西哥，重复计算部分比例比木材总产业更高等。

表5-4 2000—2014年中国出口主要经济体木材加工业年均增加值分解（单位：百万美元）

Table 5-4 Decomposition of annual average value added of wood processing industry in major exporting countries in China from 2000 to 2014（unit：USD million）

经济体	TEXP	DVA	DVA_FIN	DVA_INT	DVA_INTrex	RDV	MVA	OVA	PDC
美国	1236.7	1054.3	405.6	586.8	61.9	4.9	12.4	150.3	14.8
日本	1081.6	914.7	225.8	635.7	53.2	10.5	9.1	131.8	15.5
韩国	411.7	331.0	32.6	218.0	80.4	18.3	1.9	39.1	21.4
加拿大	389.8	329.2	49.2	208.8	71.2	3.7	1.3	41.2	14.5
英国	356.6	303.0	60.5	192.3	50.2	2.3	0.5	40.9	9.9
德国	323.9	272.8	91.1	111.0	70.7	4.5	1.1	31.7	13.7
澳大利亚	190.9	161.0	26.2	123.7	11.1	2.4	1.0	23.2	3.2
荷兰	185.1	157.1	44.9	74.0	38.3	1.3	0.2	19.4	7.1
中国台湾	184.9	148.5	13.6	97.9	36.7	8.1	0.6	17.9	10.2
法国	180.3	153.1	44.7	79.0	29.4	1.2	0.3	20.0	5.7
俄罗斯	161.7	137.0	31.0	88.7	17.3	1.6	1.0	18.3	3.8
意大利	156.4	132.0	36.1	62.6	33.3	1.6	0.1	16.3	6.4
西班牙	128.8	109.3	31.6	58.1	19.5	0.5	0.1	15.1	3.8
比利时	110.0	92.8	16.3	42.1	34.4	1.0	0.1	9.6	6.4
墨西哥	90.6	77.0	13.1	40.5	23.3	0.5	0.1	8.7	4.2
印度尼西亚	79.8	67.5	5.6	53.8	8.1	0.8	0.2	9.4	1.9
土耳其	62.1	52.6	10.0	29.7	12.8	0.3	0.1	6.7	2.4
爱尔兰	57.8	48.6	2.7	30.5	15.4	0.4	0.1	6.1	2.9
瑞典	48.7	41.1	10.6	19.5	11.0	0.5	0.1	4.9	2.1
波兰	40.5	34.4	10.2	13.7	10.6	0.3	0.1	3.9	1.9

数据来源：2016版世界投入产出表（WIOTs）核算。

表 5-5 为中国出口主要经济体造纸业增加值贸易分解,同样按照出口额从大到小的顺序取前 20 名经济体,可以得出:

(1) 从出口总额上,美国是中国造纸业最大出口目的国,这与木材加工业一致,但造纸业出口至美国的总出口额超 13 亿美元,高于木材加工业,最终可确认美国是中国最大的木材贸易出口国。此外,从出口国别特征上还可以看出,出口额较大的经济体主要以发达国家或地区为主。出口额最大的发展中经济体为印度尼西亚,年均出口增加值为 0.7 亿美元,但远低于出口部分发达经济体的出口额,说明发展中经济体占中国木材出口市场份额较低,但未来或许蕴藏着巨大消费潜力。

(2) 从出口增加值贸易结构来看,各部分的增加值比重排序大小与木材加工业相类似,同样以中间品(DVA_INT)出口为主,最终品(DVA_FIN)出口占次席份额。国外增加值中,出口隐含的其他经济体增加值(OVA)占主要份额。进一步表明,当前中国木材出口贸易收益主要以国内增加值为主,重复计算部分虽然不高,但在出口部分经济体的重复计算部分(PDC)比重已接近出口增加值的 10% 左右,如出口至比利时(9.6%)、中国台湾(8.8%)、瑞典(8.3%)和荷兰(8.3%)等,若以国内增加值为基数,重复计算部分占国内增加值的比重值将会更高。

表 5-5 中国出口主要经济体造纸业增加值分解(单位:百万美元)

Table 5-5 Decomposition of added value of paper industry in major exporting countries in China (unit: USD million)

经济体	TEXP	DVA	DVA_FIN	DVA_INT	DVA_INTrex	RDV	MVA	OVA	PDC
美 国	1324.8	1093.3	219.0	755.4	118.9	8.4	17.5	173.2	32.4
日 本	420.0	339.4	70.0	229.6	39.8	8.3	4.1	55.0	13.1
韩 国	171.0	130.1	15.4	75.6	39.1	9.9	0.9	17.1	12.9
澳大利亚	146.1	118.3	20.6	81.4	16.3	2.9	0.9	19.1	4.8
英 国	142.5	117.5	22.6	66.8	28.2	1.1	0.2	17.2	6.5
中国台湾	116.7	86.8	10.0	47.7	29.1	8.3	0.4	11.0	10.3
德 国	96.6	78.5	19.2	27.3	32.0	1.6	0.4	8.8	7.3
加拿大	73.2	59.9	13.6	27.0	19.3	0.9	0.4	7.8	4.4
印度尼西亚	71.6	57.5	5.7	40.4	11.4	1.8	0.3	8.8	3.3
法 国	62.3	51.3	10.3	27.5	13.4	0.5	0.1	7.3	3.1
土耳其	51.0	41.9	3.3	26.9	11.7	0.4	0.1	5.9	2.7
巴 西	49.4	40.2	4.0	30.5	5.7	0.3	0.3	6.5	1.6

（续）

经济体	TEXP	DVA	DVA_FIN	DVA_INT	DVA_INTrex	RDV	MVA	OVA	PDC
意大利	47.8	39.2	7.4	20.6	11.2	0.4	0.1	5.5	2.6
俄罗斯	44.7	36.7	16.7	15.7	4.3	0.5	0.3	6.1	1.2
荷兰	43.3	35.4	6.7	12.4	16.3	0.5	0.1	3.7	3.6
墨西哥	42.6	35.2	6.4	19.4	9.4	0.2	0.1	5.0	2.1
西班牙	31.7	26.0	5.4	13.2	7.4	0.2	0.1	3.7	1.7
比利时	19.8	16.1	2.7	4.9	8.5	0.2	0.1	1.5	1.9
芬兰	16.2	13.2	2.2	6.0	5.0	0.1	0.1	1.6	1.1
瑞典	14.4	11.6	2.1	4.1	5.4	0.3	0.1	1.2	1.2

数据来源：2016版世界投入产出表（WIOTs）核算。

依据增加值贸易理论，一国国内增加值率才能真正反映出口贸易的利益，为此，本部分将对木材产业及其细分行业出口20个经济体的国内增加值率进行测算（图5-4），从图5-4中可以看出：

（1）从总的木材行业来看，出口20个样本国的国内增加值率在0.83～0.85左右浮动，出口目标国中，国内增加值率（贸易收益）最高的前三位经济体分别是俄罗斯、荷兰和比利时，倒数前三位经济体分别是中国台湾、韩国

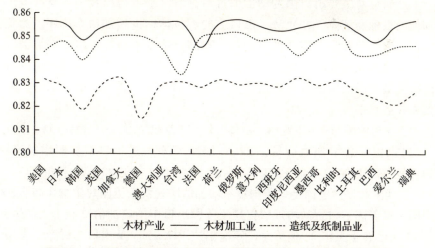

图5-4 木材产业及其细分行业出口主要经济体的年均国内增加值率

Figure 5-4 Average domestic value added rate of export major countries of wood industry and its subdivisions

和印度尼西亚，而美国排在倒数第六位。说明中国木材产业出口额较高的经济体并不一定是贸易收益也高。

(2) 从木材加工业来看，出口国内增加值率在 0.85~0.86 左右浮动，整体高于总木材行业，说明木材加工业的贸易收益要好于总的木材行业。出口目标国中，国内增加值率最高的前三位经济体分别是俄罗斯、瑞典和美国，倒数前三位经济体分别是法国、巴西和韩国。

(3) 从造纸业来看，出口国内增加值率在 0.81~0.83 左右浮动，整体低于总木材行业和木材加工业。出口目标国中，国内增加值率最高的前三位经济体分别是加拿大、印度尼西亚和美国，倒数前三位经济体分别是德国、韩国和爱尔兰。

综上，尽管当前中国木材产业及其细分行业出口总额较大的经济体均以发达经济体为主，但在贸易收益上，出口部分发达经济体的贸易收益并不高，甚至低于部分发展中经济体。因此，未来在木材贸易出口目标国选择上有必要重视贸易收益较高的经济体，并合理调整贸易伙伴。此外，上文分析结果得出传统贸易核算方式的国外增加值和重复计算比重并不低，其中木材总产业出口额中隐含的平均国外增加值约10%，重复计算部分约5%，合计15%的比例。因此，未来在考虑中国木材产业贸易收益时应采用增加值贸易核算，避免出口贸易额虚高带来的贸易争端。

5.4.2 双边木材产业增加值贸易分解

上述研究对主要出口国的增加值进行分解，基本得出我国木材产业出口增加值的目标经济体，并厘清了出口主要经济体国内增加值率排序。为了深入掌握双边产业部门上的增加值分布，本部分选取木材产业出口额最大的发达经济体美国和最大的发展中经济体印度尼西亚展开分析，同时对细分行业中出口额最大经济体进行双边增加值贸易解构研究，提炼出中国木材产业真实贸易收益水平。

表 5-6 为中国与美国（发达经济体）木材产业双边增加值贸易分解，得出：

(1) 以贸易总增加值衡量，2000—2014 年双边进出口贸易额增长迅速，双边贸易总额由 2000 年的 12.7 亿美元增长到 2014 年的 82.8 亿美元，增长了 5.5 倍。具体而言，中国出口美国贸易增加值增速快于美国对中国出口，2000 年中国出口美国木材贸易增加值仅高于美国出口中国增加值总额 1.3 亿美元，到 2014 年已高于美国 29 亿美元，年增幅达 197.9%。从出口木材产品类型来看，2000、2004、2009、2014 年中国出口美国木材最终产品呈现逐年增长的趋势，而出口木材中间品呈现逐年下降的趋势，美国出口中国木材产品主要以中间品为主，说明中国近年来木材产业增加值尽管增速较快，但主要以加工、组装为主。

（2）在国内增加值贸易结构上，2000、2004、2009 年中国木材产业的国内增加值率（DVA 加 RDV 比率）均低于美国，但在 2014 年略高于美国 2.4 个百分点。并且，在 DVA 的结构中，中国出口美国的中间品所获取的增加值在逐年减少，其比重由 2000 年的 62.7% 降到 2014 年的 52.7%，而出口的最终品所获取的增加值在逐年增加，其比重由 2000 年的 14.5% 增加到 2014 年的 24.3%。美国在出口中国木材产品所获取的国内增加值这块则比较平稳，四个年份整体变动较小，说明相对于中国的木材市场，美国较为稳定。

（3）国外增加值及重复计算部分，中国出口美国木材产品中所含的美国增加值（MVA）比重较为稳定，四个年份均保持在 1 个百分点左右，整体高于美国。所含的其他经济体增加值（OVA）比重较大，均保持在 10% 以上，同样高于美国，表明中国木材产业仍旧属于来料加工的生产模式。另外，中国木材产业重复计算部分（PDC）比重不高，低于美国的重复计算比重，但呈现增长趋势，也就是说随着时间的推移，中间品跨国交易的次数增加，国际分工的生产链条将会变的越来越长。总体上，2000、2004 和 2009 年中国木材产业的国外增加值（MVA+OVA）和重复计算部分（PDC）均要高于美国，说明这一时期实际贸易收益占总出口增加值的比重要小于美国。但上述国外及重复计算部分在 2014 年低于美国，因此，在未来趋势上中国的实际贸易增值比例可能会高于美国。

表 5-6　中国与美国木材产业双边贸易分解（单位：百万美元）

Table 5-6　Bilateral trade decomposition of China and us wood industry (Unit: USD Million)

年份	TEXP	DVA	DVA_FIN	DVA_INT	DVA_INTrex	RDV	MVA	OVA	PDC
中国向美国出口									
2000	704.6	604.8	101.9	442.1	60.7	1.6	8.1	78.0	12.0
比重	100.0	85.8	14.5	62.7	8.6	0.2	1.1	11.1	1.7
2004	1368.5	1130.8	377.5	676.9	76.4	3.4	18.9	193.3	22.0
比重	100.0	82.6	27.6	49.5	5.6	0.2	1.4	14.1	1.6
2009	2476.7	2134.0	699.0	1284.5	150.6	10.2	26.3	272.8	33.4
比重	100.0	86.2	28.2	51.9	6.1	0.4	1.1	11.0	1.3
2014	5594.5	4746.2	1360.1	2949.5	436.7	40.4	57.5	642.7	107.9
比重	100.0	84.8	24.3	52.7	7.8	0.7	1.0	11.5	1.9

(续)

年份	TEXP	DVA	DVA_FIN	DVA_INT	DVA_INTrex	RDV	MVA	OVA	PDC
美国向中国出口									
2000	566.3	469.2	2.3	385.8	81.2	28.1	1.3	47.5	20.1
比重	100.0	82.9	0.4	68.1	14.3	5.0	0.2	8.4	3.5
2004	940.7	750.5	8.1	568.2	174.2	59.0	3.4	82.6	45.2
比重	100.0	79.8	0.9	60.4	18.5	6.3	0.4	8.8	4.8
2009	1381.7	1139.9	14.7	878.4	246.8	61.4	9.0	116.0	55.4
比重	100.0	82.5	1.1	63.6	17.9	4.4	0.7	8.4	4.0
2014	2683.4	2134.9	37.8	1669.5	427.6	94.9	37.1	284.1	132.4
比重	100.0	79.6	1.4	62.2	15.9	3.5	1.4	10.6	4.9

数据来源：2016 版世界投入产出表（WIOTs）核算。

表 5-7 为中国与印度尼西亚（发展中经济体）木材产业双边增加值贸易分解，得出：

（1）以贸易总增加值衡量，双边贸易总额由 2000 年的 11.1 亿美元增长到 2014 年的 22.5 亿美元，增长 1 倍以上。具体而言，中国出口印度尼西亚增幅快于印度尼西亚对中国木材产品出口，但印度尼西亚出口中国木材产品总额远高于中国对其出口额。从增幅上看，中国出口印度尼西亚增长了 20 倍，而印度尼西亚出口中国仅增长了约 0.7 倍，并且尽管双边出口中间品占较大比重，但印度尼西亚主要以圆木等原料为主，而中国主要以出口加工后的中间材料为主，如人造板，同时，中国出口最终品比重也明显高于印度尼西亚。整体上，中国出口印度尼西亚主要以加工木材产品及最终品为主，并且规模逐年扩大，而印度尼西亚出口中国主要以原材料为主，且出口量较为稳定。

（2）在国内增加值贸易结构上，2000、2009 和 2014 年中国木材产业的国内增加值率（DVA 加 RDV 比率）均高于印度尼西亚。并且，在 DVA 的结构中，中国出口印度尼西亚的 DVA_INT 和 DVA_FIN 所获取的增加值均在逐年增长，DVA_INTrex 比重则逐年下降，表明中国出口印度尼西亚木材产品正逐渐被印度尼西亚自身消耗，被其他经济体消耗的比重在减少。而印度尼西亚对中国出口中间品和最终品的比重则变化浮动较小，国内增加值各个部分均是小幅波动变化。

（3）国外增加值及重复计算部分，中国出口印度尼西亚木材产品中所含的印度尼西亚增加值（MVA）不高，四个年份均在 0.5% 以下，略低于印度尼西亚出口中国所含的中国增加值（四年平均 0.9%），说明中国和印度尼西亚双边木材产品出口隐含的对方经济体的增加值较低。而中国出口所含的其他经济体增加值(OVA)比重呈现增大趋势,印度尼西亚则处于逐年下降的趋势,表明中国出口木材产品中隐含的中间品或原材料来源渠道更加多样化,印度尼西亚相对单一。中国与印度尼西亚重复计算部分(PDC)比重不高,分工链条长度相类似。

表 5-7 中国与印度尼西亚木材产业双边贸易分解(单位:百万美元)
Table 5-7 Bilateral trade breakdown of wood industry in China and indonesia (unit: USD million)

年份	TEXP	DVA	DVA_FIN	DVA_INT	DVA_INTrex	RDV	MVA	OVA	PDC
中国向印尼出口									
2000	19.6	16.0	0.8	8.8	6.5	0.8	0.1	1.4	1.3
比重	100.0	81.6	4.1	44.9	33.2	4.1	0.5	7.1	6.6
2004	52.4	41.9	4.5	27.7	9.8	1.1	0.2	6.4	2.7
比重	100.0	80.0	8.6	52.9	18.7	2.1	0.4	12.2	5.2
2009	114.3	97.5	11.1	73.5	12.9	1.4	0.2	12.3	2.8
比重	100.0	85.3	9.7	64.3	11.3	1.2	0.2	10.8	2.4
2014	412.1	343.1	31.2	259.8	52.1	8.0	1.2	46.5	13.3
比重	100.0	83.3	7.6	63.0	12.6	1.9	0.3	11.3	3.2
印尼向中国出口									
2000	1093.5	870.3	0.9	699.5	169.8	1.6	5.4	168.4	47.9
比重	100.0	79.6	0.1	64.0	15.5	0.1	0.5	15.4	4.4
2004	1015.4	842.9	2.9	615.4	224.6	2.0	6.6	114.6	49.3
比重	100.0	83.0	0.3	60.6	22.1	0.2	0.6	11.3	4.9
2009	770.1	663.3	3.6	494.7	165.0	1.8	6.4	70.5	28.2
比重	100.0	86.1	0.5	64.2	21.4	0.2	0.8	9.2	3.7
2014	1837.6	1536.1	5.1	1184.5	346.6	5.0	29.5	192.6	74.3
比重	100.0	83.6	0.3	64.5	18.9	0.3	1.6	10.5	4.0

数据来源:2016 版世界投入产出表(WIOTs)核算。

上文对整个木材产业的双边增加值贸易进行分解分析,作为细分行业的木材加工业和造纸业双边增加值贸易又有何特征,与总行业贸易特征有何区别?为此,本文继续对两个细分行业的出口最大贸易国美国进行双边增加值贸易解析。表 5-8 为中国与美国木材加工业双边增加值贸易分解,得出:

(1)以贸易总增加值衡量,中国出口美国总增加值远高于美国对中国的出口额。从增幅上看,双边出口增幅均较快,2000—2014 年中国出口美国增长了 19 倍,而美国出口中国增长了约 13 倍。

(2)在国内增加值贸易结构上,2000、2004、2009 和 2014 年中国木材加工业的国内增加值率(DVA 加 RDV 比率)均高于美国,这与总木材产业的国内增加值率特征有较大差异,说明中国木材加工业的国内增值能力要高于美国。在 DVA 的结构中,中国出口美国的木材加工中间产品 DVA_INT 和 DVA_INTrex 所获取的增加值均在逐年增长,而最终品 DVA_FIN 比重则逐年下降,但仍保持较高比重。美国在 DVA 的三个部分保持平稳,主要以中间品出口为主,波动不大,这与现实相符。随着中国木材加工业的规模不断扩大以及美国国内对木制品的需求量也不断增强,加上美国森林资源的丰富性,中国在大量出口美国木材加工最终品的同时也大量进口来自美国的木材原材料。

(3)国外增加值及重复计算部分,与总木材产业特征类似,中美双边木材加工产品中所含的双方增加值(MVA)比重较低,均保持在 1% 上下浮动,但所含的其他经济体增加值(OVA)比重高于美国,表明中国的木材加工业使用的中间品更多。因此实际增加值中隐含的国外增加值更高,而中国木材加工业重复计算部分(PDC)低于美国的重复计算比重。

表 5-8 中国与美国木材加工业双边增加值贸易分解(单位:百万美元)
Table 5-8 Bilateral value-added trade breakdown between China and the US wood processing industry (unit: USD million)

年份	TEXP	DVA	DVA_FIN	DVA_INT	DVA_INTrex	RDV	MVA	OVA	PDC
中国向美国出口									
2000	127.4	111.6	85.1	24.3	2.1	0.1	1.2	14.3	0.4
比重	100.0	87.7	66.6	19.1	1.6	0.1	0.9	11.2	0.3
2004	582.9	493.1	316.2	165.0	11.9	0.5	6.8	79.4	3.0
比重	100.0	84.6	54.2	28.3	2.0	0.1	1.2	13.6	0.5
2009	1437.4	1259.4	488.3	705.7	65.4	4.4	12.8	148.0	12.9
比重	100.0	87.6	34.0	49.1	4.5	0.3	0.9	10.3	0.9
2014	2587.7	2230.8	715.9	1357.3	157.7	15.9	23.5	281.6	35.8
比重	100.0	86.2	27.7	52.5	6.1	0.6	0.9	10.9	1.4
美国向中国出口									
2000	70.1	52.9	0.4	46.2	6.3	2.9	0.1	7.0	7.1
比重	100.0	75.5	0.6	65.9	9.0	4.1	0.1	10.0	10.1
2004	205.6	152.5	2.2	124.0	26.3	11.6	0.7	20.1	20.7
比重	100.0	74.2	1.1	60.3	12.8	5.6	0.3	9.8	10.1
2009	204.4	158.7	1.9	131.6	25.3	8.1	1.3	17.5	18.8
比重	100.0	77.6	0.9	64.4	12.4	4.0	0.6	8.6	9.2
2014	951.5	710.6	7.3	590.1	113.2	28.5	11.5	94.7	106.2
比重	100.0	74.7	0.8	62.0	11.9	3.0	1.2	10.0	11.2

数据来源:2016 版世界投入产出表(WIOTs)核算。

表 5-9 为中国与美国造纸业双边增加值贸易分解，得出：

(1) 以贸易总增加值衡量，中美双边造纸业总增加值高于双边木材加工业增加值，到 2014 出口总额分别达到 29.9 亿美元和 18 亿美元，但在增幅相对低于木材加工业，2000—2014 年中国出口美国增长了 4 倍，而美国出口中国增长了约 3 倍。

(2) 在国内增加值贸易结构上，与总木材产业特征相似，2000、2004、2009 年中国造纸业的国内增加值率（DVA 加 RDV 比率）均高于美国，但 2014 年低于美国，说明美国造纸业国内增值能力要高于中国，但中国的国内增值能力正在增强。在 DVA 的结构中，中国出口美国的造纸业最终产品 DVA_FIN 所获取的增加值均在逐年增长，而中间品 DVA_INT 比重则逐年下降，说明中国造纸加工业水平正在提升，已经逐步提升最终品的供应能力。而美国在中间品 DVA_INT 和 DVA_INTrex 的国内增加值比重较高，说明美国主要向中国出口中间品，如纸浆、木浆等，这并不代表美国造纸加工业水平不高，主要由其国内环境规制和人工成本较高所致，并且造纸业的中间品，如高质量的纸浆、木浆等同样是高水平造纸工艺的体现。

(3) 国外增加值及重复计算部分，与总木材产业总体特征类似，中美双边造纸业产品中所含的双方增加值（MVA）比重不高，均保持在 1% 左右，但所含的其他经济体增加值（OVA）比重略高于美国，说明在造纸业上中国使用中间品来生产最终品的比重同样较高。美国在重复计算部分（PDC）要略高于中国，说明在造纸业上，美国参与分工的生产链要长于中国。

表 5-9 中国与美国造纸业双边贸易分解（单位：百万美元）

Table 5-9 Bilateral trade breakdown between China and the US paper industry（unit：USD million）

年份	TEXP	DVA	DVA_FIN	DVA_INT	DVA_INTrex	RDV	MVA	OVA	PDC
中国向美国出口									
2000	576.3	493.3	16.8	417.8	58.6	1.5	7.0	63.8	10.7
比重	100.0	85.6	2.9	72.5	10.2	0.3	1.2	11.1	1.9
2004	783.0	637.7	61.4	511.9	64.5	2.9	12.1	113.9	16.3
比重	100.0	81.4	7.8	65.4	8.2	0.4	1.5	14.5	2.1
2009	1035.7	874.7	210.7	578.8	85.2	5.8	13.5	124.8	17.0
比重	100.0	84.5	20.3	55.9	8.2	0.6	1.3	12.0	1.6
2014	2992.0	2515.4	644.1	1592.3	279.0	24.5	33.7	361.1	57.3
比重	100.0	84.1	21.5	53.2	9.3	0.8	1.1	12.1	1.9

（续）

年份	TEXP	DVA	DVA_FIN	DVA_INT	DVA_INTrex	RDV	MVA	OVA	PDC
美国向中国出口									
2000	500.9	416.3	1.9	339.6	74.9	25.2	1.2	40.5	17.7
比重	100.0	83.1	0.4	67.8	15.0	5.0	0.2	8.1	3.5
2004	746.9	598.0	5.9	444.2	148.0	47.4	2.8	62.5	36.3
比重	100.0	80.1	0.8	59.5	19.8	6.3	0.4	8.4	4.9
2009	1189.7	981.1	12.8	746.8	221.1	53.4	7.6	98.6	48.9
比重	100.0	82.5	1.1	62.8	18.6	4.5	0.6	8.3	4.1
2014	1801.4	1424.3	30.5	1079.4	314.4	66.4	25.6	189.4	95.6
比重	100.0	79.1	1.7	59.9	17.5	3.7	1.4	10.5	5.3

数据来源：2016 版世界投入产出表（WIOTs）核算。

5.5 本章小结

本章节基于增加值贸易理论，利用 WWZ 方法对 2000—2014 年中国出口 42 个 WIOD 经济体的木材产业贸易增加值进行分解，得出以下结论：

（1）在总出口特征上，国内增加值是木材产业出口增加值中比重最大的部分，将国外增加值和重复计算部分剥离后，可以发现，国内增加值占总出口的 80% 以上，但造成统计虚高的国外和重复计算的增加值也不容小觑，比重已达总出口额的 10% 左右。具体木材细分行业的出口增加值结构特征与木材总产业的特征类似，但木材加工业的国内增加值率略高于造纸业，进一步说明木材加工业增值能力要强于造纸业。

（2）从木材贸易出口国别来看，美国是当前中国木材产业出口的最大市场，年均出口额达 25 亿美元以上，远高于第二大出口国日本。此外，出口最大的发展中经济体是印度尼西亚，年均出口额在 1.5 亿美元左右。其中，木材加工业和造纸业的出口最大市场也均为美国（出口额分别超 12 亿美元和 13 亿美元），出口最大的发展中经济体分别为墨西哥（0.9 亿美元以上）和印尼（0.7 亿美元）。在出口增加值结构上，木材及其细分行业出口至部分发达经济体的国外增加值和重复计算部分比重要高于发展中经济体，其中，平均重复计算部分比重已接近 5%。未来在出口目标市场的选择上，有必要以增加值贸易的视角来合理选择木材贸易伙伴，以提升自身贸易收益，降低实际损益。此外，分析结果得出传统贸易核算方式的国外增加值和重复计算比重并不低，木材总产业出口额中隐含的平均国外增加值和重复计算部分约 15% 的比例。

因此，未来在考虑中国木材产业贸易收益时应采用增加值贸易核算，避免出口贸易额虚高带来的贸易争端。

（3）在双边出口增加值的解构上，发达经济体中，选择出口额较大的美国作为双边分析的样本国，得出在 2000、2004 和 2009 三个时间节点上，中国出口美国木材产业的国内增加值率均低于美国出口至中国。但在 2014 年，中国高于美国，说明在双边木材贸易收益上，中国追赶势头较为强劲，中国主要在国外增加值上比重更高，说明中国出口的木材产品进口了更多的中间品或原材料，而重复计算部分两者相差不大，说明在真实贸易收益上，中国正逐渐缩小与美国的差距，其中木材细分行业与上述木材总产业的双边特征类似。发展经济体中，选择印度尼西亚作为双边分析的样本国，中国的增值能力均高于印度尼西亚，并且在国外和重复计算部分相差不大，说明与印度尼西亚的木材贸易上，中国的贸易获益能力占优。综上得出，中国木材产业贸易收益与部分发达经济体相比仍有差距，但差距正在缩小，与部分发展中经济体相比中国的贸易收益相对更高。

第 6 章
木材产业贸易收益增长的驱动因素分析

第 5 章利用增加值贸易分解方法系统分析了中国木材产业出口贸易的真实收益,揭示了中国木材产业出口增加值的基本结构特征。然而木材产业的真实贸易收益受诸多因素影响。一方面,寻求贸易利益是双边贸易发轫的基础,也是一国嵌入全球价值链并参与国际分工的根本诉求,一国参与国际分工所获取的真实贸易利益水平将影响该国参与国际分工模式,调整贸易政策(葛明、赵素萍等,2016)。另一方面,影响贸易收益的因素复杂多样,基于现有贸易收益下,准确识别影响贸易收益的核心因素,能够促进木材产业合理调整贸易结构,重塑全球价值链竞争中的比较优势(吕婕、向龙斌等,2013)。为此,有必要通过严格的实证检验来刻画出木材产业及其细分行业贸易收益增长的驱动机制。

6.1 理论基础与研究假说

基于增加值贸易理论的内涵可知,全球价值链分工体系下,参与者的贸易收益来源于有效阻碍竞争对手对市场和资源的争夺,也就是能够避免直接市场竞争的核心竞争优势,例如:成本优势、参与深度、政策能力、要素配置能力、金融能力和营销能力等,然而,这种核心竞争能力也会随着市场竞争加剧或进入门槛降低而减小(Kaplinsky and Morris, 2002;张亚斌,2017)。识别贸易收益的影响因素有助于国家或产业部门寻求合适贸易伙伴,制定完善的贸易政策。针对增加值贸易视角下贸易收益影响因素的研究并不丰富,在以往研究贸易增长的文献中,多数学者认为:贸易成本、全球价值链参与度、贸易伙伴国经济发展水平、双边经济规模差异(互补性)、汇率、贸易伙伴国市场规模、双边距离等因素是影响一国贸易增长的主要因素(Kaplinsky, 2000;Giuliani 等,2005;孙华平,2013;Chen and Juvenal, 2016;李君华、欧阳崚，2016；Mark and Dallas，2015；熊立春、程宝栋，2017）。此外，针对木材产业方面的研究，部分研究认为森林覆盖率（资源禀赋）、木材贸易壁垒是影响木材产业贸易收益增长的重要因素（潘超，2013；印中华、李剑泉等，2011）。

6.1.1 贸易成本对木材产业贸易增长的影响

Anderson and Wincoop（2004）认为，贸易成本是指为获得商品所必须支付的所有成本，主要包括运输成本、信息成本、语言成本、政策成本、关税和合同履行成本等，在全球价值链分工体系下，上述贸易成本势必会贯穿于企业或产业参与国际分工的各个环节。有研究表明，贸易成本是影响出口贸易流量的重要因素，2006—2011 年，它使参与全球价值链的成本平均上升了 18%（徐海波、张建民，2018）。尤其针对发展中经济体而言，融入价值链并获取贸易收益最重要的阻碍就是贸易成本，部分国家的贸易成本甚至比税收对贸易的约束更高（Gereffi 等，2005）。此外，由于全球价值链的分割生产属性，各国参与产品的不同环节的生产，尽管提高了生产效率，但也增加了交易次数，从而在一定程度上增加了贸易成本，导致各国参与全球价值链的预期收益下降（Baldwin and Taglioni，2011）。需要指出的是，对于由复杂国际供应链产生的全球价值链贸易来说，时间成本也成了贸易成本的重要组成部分。例如，Mukherjee and Suetrong（2012）研究了进出口贸易过程所需要的时间成本，包括货物装卸、清关和储存，这些都是贸易成本的关键部分，但被转移到了中间投入品的进出口价格上，最终导致价格上涨后的需求减少，出口商的贸易收益就会下降。依据上述研究结论，本文构建了贸易成本与贸易收益增长的关系曲线图（图 6-1），刻画出在完全竞争市场条件下，贸易成本对贸易收益增长具有负作用的传导效应，当贸易成本上升时，其产品价格即会上升，进而导致市场份额下降，贸易收益减少。相反，贸易成本下降时，相比于原有成本的产品价格将会下降，市场占有率将提高。

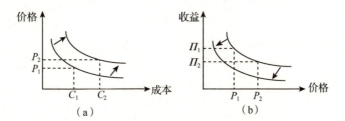

图 6-1 贸易成本对贸易收益增长的传导影响

Figure 6-1 Transmission effect of trade costs on trade income growth

基于此，针对木材产业贸易收益增长的驱动因素，提出研究假说1：

H1：贸易成本是导致木材产业贸易收益下降的重要因素。

6.1.2 全球价值链参与度对木材产业贸易增长的影响

Grossman and Helpman(1995)认为贸易收益是指由国际贸易带来的企业生产专业化、产量增加和效率提升。传统贸易理论认为，世界各国或地区由于要素比较优势的不同，从而产生国家间和地区间的比较优势（Krugman，1979），在全球价值链分工体系下，各国或地区参与国际分割生产有助于这种比较优势的互补和竞争，从而促进各国贸易收益的增长。当然，现有全球价值链体系由发达国家主导，参与程度对发达国家的贸易收益可能更为明显（肖雪、牛猛，2018），Melitz(2003)将上述比较优势差异细化到企业层面并提出了企业异质性理论。依据Melitz的企业异质性理论，在参与国际分工过程中，企业才是具体载体，具有异质性的企业，例如跨国公司在参与全球价值链过程中相互学习、竞争，尤其是发展中国家的企业在参与全球价值链过程中，通过"干中学"效应进一步提升贸易竞争水平和拓展国际市场，获取超乎预期的收益。另有研究通过微笑曲线表明，国家或产业部门在全球价值链中不同的参与程度，会导致在增加值获取与就业促进方面差异极大，高效并深度地参与全球价值链可以提高经济效率和产品市场占有率，进而提升出口贸易收益(Basnett and Pandey, 2014；吕越、吕云龙等，2018)。具体而言，在全球价值链分工体系下，一国或产业部门专注于价值链条的特定环境的分工生产，这不仅是同一产品的特定环节，而是诸多同类产品的特定环节，由于专业化的投资、技术和标准化的实施，从而能够实现生产的规模经济并带动出口贸易收益增长(肖雪、刘洪愧，2018)。

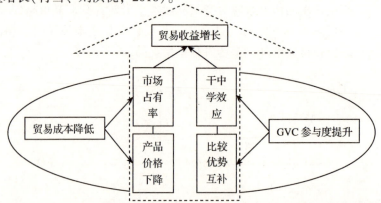

图6-2 出口贸易成本、全球价值链参与度影响木材产业贸易收益增长路径

Figure 6-2 Export trade cost and GVC participation affect the growth path of timber industry trade income

基于此，针对木材产业前向参与度的驱动因素，提出研究假说 2：

H2：全球价值链参与程度是影响木材产业贸易收益的重要推动因素。

基于上述理论分析，本文拟构建出口贸易成本、全球价值链参与度驱动木材产业贸易收益增长的路径逻辑，如图 6-2 所示。

6.2 变量选择与数据来源

具体将中国出口 39 个贸易伙伴国的国内增加值作为被解释变量，表示木材产业贸易收益增长水平。将木材产业贸易成本和全球价值链相对参与度作为关键解释变量，考察贸易成本和参与全球价值链水平对木材产业贸易收益增长的影响。首先，贸易成本变量主要选取中国出口上述 39 个贸易伙伴国的木材产业贸易成本，木材产业贸易成本的测度选择 Novy（2011）方法，Novy（2011）基于贸易流量的事后反推得出的贸易成本测度法逐步成为贸易成本测度的主要方式，利用该方法得出的双边贸易成本包含所有非关税成本，是当前较为完善的贸易成本测度方法（袁凯华、彭水军等，2019），其计算公式为：

$$fcost_{ijt} = \left(\frac{e_{iit}e_{jjt}}{e_{ijt}e_{jit}}\right)^{\frac{1}{2(\sigma-1)}} - 1 \quad (6-1)$$

公式 6-1 中，i 表示母国，j 表示贸易伙伴国，t 表示年份，$fcost$ 为木材产业贸易成本，e_{iit} 和 e_{jjt} 表示母国和贸易伙伴国 t 年份国内消费量，e_{ijt} 和 e_{jit} 表示母国和贸易伙伴国 t 年份双边贸易量，σ 为两国贸易品的替代弹性，一般而言，σ 的取值介于 5~10 之间，商品替代弹性越大，两国贸易成本就越小，参考 Novy（2011）的研究做法，本文将 σ 取值为 8。其次，另一关键解释变量选择中国与贸易伙伴国的全球价值链参与度的相对值。

另外，选取了以下指标作为控制变量：

（1）贸易伙伴国人均 GDP，人均 GDP 体现一国经济发展水平。已有研究表明，母国与经济发展水平较高的伙伴国进行双边贸易其贸易利润相对较高，一方面，经济发展水平较高的国家，其购买力较强，另一方面，发展中经济体产品进入经济发展较高的经济体市场时，其产品价格更具优势，因此，市场占有率可能更高（Kaplinsky，2000；Giuliani 等，2008）。

（2）贸易伙伴国人口规模，贸易伙伴国人口规模代表出口国目标市场的规模大小，当伙伴国贸易具有较高的人口规模时，其销售市场就越大，越有利于出口国针对该市场的出口贸易增长（陈昌华，2008；郭琪、朱晟君，2018）。

（3）贸易伙伴国外贸依存度，贸易伙伴国自身的外贸依存度对出口国贸易具有传导效应（孙雪芬，2013），其依赖性越强，对双边关系较为稳定的贸易出口国来说越能扩大出口规模，从而能够促进出口国的出口贸易量的增长。

需要指出的是，外贸依存度对稳定贸易伙伴国双边贸易关系、带动双边贸易流量的增长，对传统制造业产业的积极作用更为明显（裴长洪，2013）。

（4）双边距离，传统的引力模型解释变量加入两国航运距离是普遍做法，但存在一定缺陷。首先，传统上的距离不随时间变化而变化，不能真实反映距离成本；其次，不变距离在做固定效应回归时，会将距离作为个体固定效应处理，因而不被识别，影响回归结果准确性（熊立春、程宝栋，2017），为此，本文采用蒋殿春、张庆昌（2011）做法，将两国之间航运距离乘以当年国际油价①作为距离因素，两国航运距离数据采用 CEPII 数据库下 Geodist 子数据库中的国家间地理距离（Mayer and Zignago，2006）。

（5）贸易伙伴国汇率（1 美元的本币单位），相关研究表明，在出口国（母国）汇率不变的情况下，其贸易伙伴国的汇率波动会影响出口国出口贸易流量（Chen and Juvenal，2016），当进口国的汇率提升（1 美元的本币单位增大）时，有利于母国向其出口，当进口国的汇率下降（1 美元的本币单位下降）时，则不利于母国向其出口（倪红福、龚六堂等，2018）。

（6）虚拟变量：木材贸易政策壁垒，美国《雷斯法案》和欧盟《木材法案》是当前对中国木材产业出口贸易最大的政策贸易壁垒，单纯从出口角度来看，在一定程度上影响了中国木材贸易的出口结构和总量，进而也影响了贸易收益（印中华、李剑泉等，2011）。上述被解释变量和解释变量数据时间跨度均为 2000—2014 年，研究样本为中国及 39 个 WIOD 经济体，具体各解释变量数据来源如下：

表 6-1　解释变量数据来源

Table 6-1　The data sources of explanatory variables

序号	变量	数据来源
1	木材产业贸易成本（$fcost$）	Novy（2011）模型测度
2	双边距离因素（dis）	《世界能源数据库》和 CEPII 数据库计算

注：本部分只对表 4-3 和 4-7 中未出现的变量进行数据来源说明。

---

① 国际油价数据来自于《世界能源数据库》，主要采用美国西部德克萨斯成交的轻质原油价格，剔除通货膨胀后的价格。

6.3 实证分析

6.3.1 模型设定

在具体的研究方法上,部分研究运用结构分解分析(SDA)方法分解得出全球价值链视角下中国增加值出口的影响因素(卫瑞、张文城等,2015)。另有研究同样利用 SDA 方法分解了中国、印度和日本等国全球价值链中出口增加值的影响因素(刘培青,2016)。总体而言,现有研究主要基于 SDA 方法分解贸易收益影响因素,但 SDA 方法存在一定缺陷,首先,其影响因素的分解主要基于世界投入产出表内部的关联影响效应,缺乏对外部因素影响的分析。其次,SDA 方法通常针对国家层面的贸易收益的影响因素分解,得出的影响因子往往偏向宏观层面,主要以影响效应为主,并不是具体的影响因素,无法满足本部分对木材产业贸易收益驱动机制的研究。为此,本部分在参照已有研究(马述忠、张洪胜等,2015)的基础上,将构建面板数据计量回归模型实证分析影响中国木材产业贸易收益的影响因素。依据上文被解释变量以及解释变量的定义,设定如下计量回归模型:

$$\ln(WV_{ijt}) = \varphi_0 + \varphi_1 \ln(fcost_{ijt}) + \varphi_2 \ln(wdpart_{ijt}) + \varphi_3 contral_{ijt} + \mu_i + \varepsilon_{ijt} \tag{6-2}$$

$$\ln(TV_{ijt}) = \delta_0 + \delta_1 \ln(fcost_{ijt}) + \delta_2 \ln(tdpart_{ijt}) + \delta_3 contral_{ijt} + \mu_i + \varepsilon_{ijt} \tag{6-3}$$

$$\ln(PV_{ijt}) = \gamma_0 + \gamma_1 \ln(fcost_{ijt}) + \gamma_2 \ln(pdpart_{ijt}) + \gamma_3 contral_{ijt} + \mu_i + \varepsilon_{ijt} \tag{6-4}$$

公式 6-2、6-3 和 6-4 中,i 表示中国,j 表示贸易伙伴国,t 表示年份,WV、TV、PV 分别表示木材总产业、木材加工业和造纸业等出口 39 个贸易伙伴国的国内增加值,$fcost$ 为贸易成本,$wdpart$、$tdpart$ 和 $pdpart$ 分别为木材总产业及其细分行业的全球价值链相对参与度。$contral$ 为控制变量,包括贸易伙伴国人均 GDP($pgdp$),贸易伙伴国人口规模($people$),贸易伙伴国外贸依存度($depend$),双边距离(dis),汇率($erate$),木材贸易政策壁垒($policy$)。μ_i 为非观测效应,ε_{ijt} 为扰动项,φ、δ、γ 为待估参数,具体变量统计与说明见表 6-2。

表 6-2　变量统计与预期影响方向
Table 6-2　Variable statistics and expected impact direction

变量类型	变量说明	均值	标准差	预期影响方向
被解释变量	木材产业出口国内增加值(WV)	188.258	478.268	/
	木材加工业出口国内增加值(TV)	123.986	273.088	/
	造纸业出口国内增加值差值(PV)	64.271	220.978	/
关键解释变量	木材产业出口贸易成本($fcost$)	1.245	0.618	−
	木材产业参与度相对值($wdpart$)	0.851	0.574	+
	木材加工业参与度相对值($tdpart$)	0.396	0.294	+
	造纸业参与度相对值($pdpart$)	0.457	0.297	+
控制变量	贸易伙伴国人均GDP($pgdp$, 美元)	28,171.260	22,683.630	+
	贸易伙伴国人口规模($people$, 万人)	7,622.571	19,167.360	+
	贸易伙伴国外贸依存度($depend$, %)	87.672	53.710	+
	双边距离(dis, 千米)	491,899.800	272,837.800	−
	汇率($erate$, 1美元的本币单位)	286.273	1,520.414	−
	木材贸易政策壁垒($policy$, 是=1, 否=0)	0.188	0.391	−

实证检验之前,通过相关系数矩阵以及方差膨胀因子对解释变量是否存在多重共线性进行检验(表 6-3)。可以看出,解释变量相关系数较小,方差膨胀因子最大值小于10, 最小值大于0, 均可得出不存在严重多重共线性。

表 6-3　解释变量多重共线性检验
Table 6-3　Multiple Colinearity Test for Explanatory Variables

解释变量	$fcost$	$wdpart$	$pgdp$	$people$	$depend$	dis	$erate$	$policy$
$fcost$	1.000							
$wdpart$	0.358	1.000						
$pgdp$	−0.115	0.243	1.000					
$people$	−0.167	−0.381	−0.236	1.000				
$depend$	0.473	0.819	0.383	−0.330	1.000			
dis	−0.171	0.006	0.265	−0.076	0.055	1.000		
$erate$	−0.224	−0.079	−0.196	0.134	−0.101	−0.122	1.000	
$policy$	−0.048	0.265	0.156	−0.096	0.233	0.430	−0.087	1.000
VIF	1.730	3.420	1.580	1.220	4.380	1.360	1.160	1.360
1/VIF	0.578	0.292	0.633	0.820	0.228	0.735	0.860	0.734

6.3.2 实证结果及其分析

表6-4为木材产业贸易收益影响因素估计结果，其中模型1为木材产业贸易收益总回归，模型1-1为以发达经济体为样本的木材产业贸易回归模型，模型1-2为以发展中经济体为样本的木材产业贸易回归模型，可以得出：

(1)出口贸易成本($fcost$)，出口贸易成本对木材产业贸易收益增长具有显著负影响($P<0.01$)，与预期相符。说明随着木材总产业出口贸易成本的上涨，将不利于木材贸易总收益的增长。由于本文利用Novy(2011)方法测得的木材产业贸易成本包含非关税成本以外的所有贸易成本，因此，涉及的贸易成本较为宽泛，各国基础设施条件、运输条件、劳动力工资差异都将是造成贸易成本上涨的直接原因，最终将导致贸易成本较高的木材产品出口国丧失国际市场的竞争力，造成贸易收益缩水。此外，木材产业出口贸易成本的上涨也将导致本国木材产业比较优势的丧失，进而引致本国相关木材产业转移至比较优势更强的国家，这同样会导致本国木材贸易收益下降。

(2)木材总产业全球价值链相对参与度($wdpart$)，全球价值链相对参与度对木材总产业贸易收益增长具有显著正向影响($P<0.01$)，与预期相符。尽管在以发达经济体为贸易伙伴国的回归中并无明显影响，但在以发展中经济体为贸易伙伴国的回归中出现了显著正影响($P<0.01$)，主要原因在于中国木材产业全球价值链参与水平相对发展中经济体更具优势，参与水平更高。因此，反映出全球价值链参与水平越高，越有利于木材贸易收益的增长，这是因为参与全球价值链越深，越有可能通过价值链上的分工积累实现高级生产技术和经营理念的吸收，进而更可能促进本国木材产业水平的提升，促进贸易收益增长。

(3)贸易伙伴国人均GDP($pgdp$)，贸易伙伴国经济发展水平对木材总产业贸易收益具有显著正影响($P<0.01$)，与预期相符。说明木材产品出口至经济发展水平越高的经济体，木材贸易收益可能更高。从侧面反映出，经济发达发展水平较高的经济体对木材产品的需求量较大，并且购买力强，从第5章的木材产业贸易国内增加值分解的现状就可以得出，当前中国木材产品出口总额前十位经济体主要以发达经济体为主(表5-3)，进而印证了贸易伙伴国经济发展水平与本国木材贸易收益增长呈正相关趋势。

(4)贸易伙伴国人口规模($people$)，贸易伙伴国人口规模对中国木材总产业贸易收益具有显著正影响($P<0.01$)，与预期相符，尤其是发达国家中的贸易伙伴国对上述贸易收益增长的促进作用更为明显。贸易伙伴国人口规模的大小意味着该国贸易市场规模的大小，一国人口规模越大其市场规模也越大，有助于木材产业在该市场的贸易收益增长。

(5)外贸依存度(depend),贸易伙伴国外贸依存度对中国木材贸易收益具有显著正影响($P<0.01$),与预期相符。中国作为世界的工厂,工业产品门类齐全,世界份额占比高,也拥有较大规模的木材产业。因此,外贸依存度较高的贸易伙伴国进口中国工业产品(包括木材产品)的可能性较高,从而可能促进中国木材产业贸易收益的增长。

(6)双边距离(dis),双边距离因素对木材产业贸易收益具有一定正影响($P<0.10$),与预期不符。通过上文木材总产业出口国内增加值在主要贸易伙伴国的分布可以发现,中国目前出口木材贸易额较大的经济体多为发达经济体,并且以欧美经济体为主,双边相对较远,而出口至距离较近的亚洲或东欧经济体的贸易额并不高,但上述经济体距离中国较近,所以这一正向影响可能与木材贸易出口市场分布特征有关。

(7)木材贸易政策壁垒(policy),木材贸易政策壁垒对木材总产业贸易收益增长具有显著正影响($P<0.01$),与预期不符。肇始于欧盟和美国的《木材法案》《雷斯法案》是主要针对中国出口木材产品的政策壁垒,在一定程度上限制了中国木材出口上述壁垒国,但上述负影响只是短期存在,从长期来看,欧美木材贸易政策壁垒促进了中国木材原材料的合法性来源以及产品质量标准的提高,因此,木材贸易政策壁垒实际上促进了贸易收益的增长。

表6-4 木材总产业贸易收益影响因素估计结果
Table 6-4 Estimation results of factors affecting wood industry trade income

类型	变量名称	模型1	模型1-1	模型1-2
关键解释变量	出口贸易成本(lfcost)	-0.973***	-0.830***	-1.162***
		(-8.27)	(-5.51)	(-5.72)
	GVC相对参与度(lwdpart)	0.122***	0.0505	0.263***
		(3.38)	(1.51)	(3.04)
控制变量	贸易伙伴国人均GDP(lpgdp)	2.045***	1.981***	1.698***
		(24.48)	(12.35)	(11.37)
	贸易伙伴国人口规模(lpeople)	1.511***	4.344***	0.0158
		(3.48)	(7.29)	(0.02)
	贸易伙伴国外贸依存度(ldepend)	0.542***	1.298***	-0.319
		(3.33)	(5.56)	(-1.12)
	双边距离(ldis)	0.157*	-0.0649	0.650***
		(1.94)	(-0.56)	(3.97)
	汇率(erate)	0.00000778	0.00136**	0.000000428
		(0.08)	(2.10)	(0.00)
	木材贸易政策壁垒(policy)	0.223***	0.186***	0.127
		(5.02)	(3.89)	(1.44)
	_cons	-32.28***	-54.18***	-19.45***
		(-10.30)	(-13.50)	(-3.64)

(续)

类型	变量名称	模型1	模型1-1	模型1-2
Breusch-Pagan test	chibar2(01)	1598.97	1224.11	420.50
	Prob >chibar2	0.0000	0.0000	0.0000
Hausman test	chi2(9)/chi2(8)	81.75	48.42	50.00
	Prob>chi2	0.0000	0.0000	0.0000
模型估计类型		固定效应	固定效应	固定效应
N		585	345	240

注：括号中为 t 统计量取值，***、**、* 分别表示估计结果在1％、5％、10％的水平上显著。

综上，出口贸易成本和中国全球价值链相对参与度是影响木材产业贸易收益的核心因素，而贸易伙伴国经济发展水平、人口规模、外贸依存度、双边距离，木材贸易政策壁垒对木材产业贸易收益增长也具有较强影响，其余变量无明显影响。中国木材产业未来应该进一步降低贸易成本，深化全球价值链参与水平，进一步提升自身木材贸易收益的能力。

表6-5为细分行业木材加工业的贸易收益影响因素估计结果，其中模型2为木材加工业贸易收益总回归，模型2-1为以发达经济体为样本的木材加工产品贸易回归模型，模型2-2为以发展中经济体为样本的木材加工产品贸易回归模型，可以发现：

(1) 出口贸易成本($fcost$)，出口贸易成本对木材加工业贸易收益增长具有显著负影响($P<0.01$)，与木材总产业的影响结果一致。说明随着出口贸易成本的上涨，将不利于木材加工业总收益的增长，木材加工产品贸易成本的上升将降低木材加工业的市场占有率。

(2) 木材加工业全球价值链相对参与度($tdpart$)，全球价值链相对参与度对木材加工业贸易收益增长具有较强正向影响($P<0.05$)，与预期相符。反映出全球价值链参与水平越高，越有利于木材加工业贸易收益的增长，其影响机理与木材总产业类似。

(3) 贸易伙伴国人均GDP($pgdp$)，贸易伙伴国经济发展水平对木材加工业贸易收益具有显著正影响($P<0.01$)，与预期相符。说明木材加工产品出口到经济发展水平较高的经济体，木材加工业贸易收益可能更高，主要得益于经济发展水平较高经济体具有较强的木材加工产品需求以及较强的购买力。

(4) 贸易伙伴国人口规模($people$)，贸易伙伴国人口规模对中国木材加工业贸易收益具有一定正影响($P<0.10$)，说明人口规模作为市场潜力的标志对贸易收益具有重要的促进作用。而上述正影响在发达贸易伙伴国中更为明显，可能的原因在于发达贸易伙伴国人均收入水平较高，木材加工产品消费能力强，整体市场潜力更大，有助于中国木材加工业出口贸易收益的提升。

(5) 外贸依存度(depend)，贸易伙伴国外贸依存度对中国木材加工贸易收益具有显著正影响($P<0.01$)，与预期相符。说明贸易伙伴国外贸依存度较强会增强包括木材加工产品在内的木材产品的进口依赖。

(6) 双边距离(dis)，双边距离因素对木材加工业贸易收益具有显著正影响($P<0.01$)，与预期不符，其可能的解释与距离因素对木材总产业贸易收益的影响一致，主要是出口贸易额较大的经济体多以相对距离较远的市场为主，因此导致距离越远，贸易收益越高的估计结果。

综上，出口贸易成本和本国全球价值链相对参与度是影响木材加工业贸易收益的核心因素，而贸易伙伴国经济发展水平、人口规模、外贸依存度、双边距离对木材加工业贸易收益增长也具有较强影响，其余变量无明显影响。

表 6-5 木材加工业贸易收益影响因素估计结果
Table 6-5 Estimation results of factors affecting trade income of wood processing industry

类型	变量名称	模型2	模型2-1	模型2-2
关键解释变量	出口贸易成本(lfcost)	-1.096*** (-8.71)	-0.979*** (-6.43)	-0.960*** (-4.45)
	GVC 相对参与度(ltdpart)	0.0797** (2.50)	0.0101 (0.33)	0.179** (2.55)
控制变量	贸易伙伴国人均GDP(lpgdp)	2.167*** (11.61)	1.780*** (23.99)	1.919*** (13.38)
	贸易伙伴国人口规模(lpeople)	0.799* (-1.38)	1.441*** (1.71)	-1.131 (11.62)
	贸易伙伴国外贸依存度(ldepend)	0.507*** (-0.39)	0.809*** (2.90)	-0.111 (3.75)
	双边距离(ldis)	0.244*** (4.64)	0.308*** (2.82)	0.814*** (2.98)
	汇率(erate)	0.0000129 (0.01)	0.00159*** (0.12)	0.000000635 (3.14)
	木材贸易政策壁垒(policy)	0.0140 (-2.13)	0.0620 (0.29)	-0.201** (1.24)
	_cons	-29.33*** (-8.71)	-33.15*** (-21.51)	-16.14*** (-2.80)
Breusch-Pagan test	chibar2(01)	1651.50	1395.76	451.71
	Prob >chibar2	0.0000	0.0000	0.0000
Hausman test	chi2(7)	25.52	8.19	52.71
	Prob>chi2	0.0006	0.3164	0.0000
	模型估计类型	固定效应	随机效应	固定效应
	N	585	345	240

注：括号中为 t 统计量取值，***、**、* 分别表示估计结果在 1%、5%、10% 的水平上显著。

表 6-6 为造纸业的贸易收益影响因素估计结果，其中模型 3 是造纸业贸易收益总回归，模型 3-1 是以发达经济体为样本的造纸业贸易回归模型，模型 3-2 是以发展中经济体为样本的造纸业贸易回归模型，可以得出：

(1) 出口贸易成本($fcost$)，出口贸易成本对造纸业贸易收益增长具有显著负影响($P<0.01$)，与预期相符，说明随着造纸业出口贸易成本的上涨，将不利于纸质产品贸易总收益的增长。但在分经济体类型的回归结果中，对出口发达经济体贸易收益并无明显影响，可能的原因是当前发达经济体贸易伙伴国对中国纸质品的需求量较大，也是中国纸制品的主要目标市场，尽管存在贸易成本上涨的因素，但总贸易收益仍在上涨。

(2) 造纸业全球价值链相对参与度($pdpart$)，全球价值链相对参与度对造纸业贸易收益增长具有显著正向影响($P<0.01$)，与预期相符。反映出全球价值链参与水平越高，越有利于纸制品贸易收益的增长，造纸业的全球价值链参与水平越高，越能通过"干中学"效应提升本国造纸业的发展，从而实现贸易收益的增长。

(3) 贸易伙伴国人均 GDP($pgdp$)，贸易伙伴国经济发展水平对造纸业贸易收益具有显著正影响($P<0.01$)，与预期相符。说明纸质产品出口至经济发展水平越高的经济体，贸易收益可能更高。上文得出当前中国纸质品出口总额前十位经济体主要以发达国家或地区为主(表 5-5)，进而印证了贸易伙伴国经济发展水平与本国造纸业贸易收益增长呈正相关趋势。

(4) 贸易伙伴国人口规模($people$)，贸易伙伴国人口规模对中国造纸业贸易收益具有显著正影响($P<0.01$)，与预期相符。贸易伙伴国人口规模的大小意味着该国贸易市场规模的大小，一国人口规模越大，其纸制品市场也就越广阔，因此，出口市场较大的经济体可能会实现出口贸易的规模经济，从而获取更高的贸易收益。

(5) 外贸依存度($depend$)，贸易伙伴国外贸依存度对中国造纸业贸易收益具有显著正影响($P<0.01$)，与预期相符。中国作为世界的工厂，工业产品较为齐全，也是世界上重要的纸制品生产国。因此，外贸依存度较高的贸易伙伴国更可能从中国进口纸制品，从而能促进中国造纸业贸易收益的增长。

(6) 双边距离(dis)，双边距离因素对造纸业贸易收益具有一定负影响($P<0.10$)，与预期相符。表明与距离较远的贸易伙伴国进行纸制品贸易时，会增加运输成本，导致产品国际竞争力不足，因此不利于造纸业贸易总收益的增长。

(7) 木材贸易政策壁垒($policy$)，木材贸易政策壁垒对造纸业贸易收益增长具有显著正影响($P<0.01$)，与预期不符。可能的原因与上述木材总产业的解释基本一致，也就是从长期来看，欧美木材贸易政策壁垒促进了中国木材

原材料的合法性来源以及产品质量标准的提高,因此,实际上促进了贸易收益的增长。

综上,出口贸易成本和本国全球价值链相对参与度是影响造纸业贸易收益的核心因素,而贸易伙伴国经济发展水平、人口规模、外贸依存度、双边距离、木材贸易政策壁垒对造纸业贸易收益增长也具有较强影响,其余变量无明显影响。

表 6-6 造纸业贸易收益影响因素估计结果
Table 6-6 Estimation results of factors affecting trade income of paper industry

类型	变量名称	模型 3	模型 3-1	模型 3-2
关键解释变量	出口贸易成本(lfcost)	-0.758***	-0.148	-1.671***
		(-4.34)	(-0.57)	(-6.59)
	GVC 相对参与度(lpdpart)	0.223***	0.145***	0.372***
		(4.76)	(2.71)	(4.48)
控制变量	贸易伙伴国人均 GDP(lpgdp)	1.877***	1.859***	1.564***
		(15.18)	(6.70)	(8.33)
	贸易伙伴国人口规模(lpeople)	5.177***	8.232***	4.546***
		(8.02)	(7.87)	(4.74)
	贸易伙伴国外贸依存度(ldepend)	0.677***	1.826***	-0.696**
		(2.84)	(4.49)	(-2.05)
	双边距离(ldis)	-0.227*	-0.367*	-0.0893
		(-1.88)	(-1.81)	(-0.43)
	汇率(erate)	-0.0000179	0.000100	-0.0000275
		(-0.13)	(0.09)	(-0.19)
	木材贸易政策壁垒(policy)	0.985***	0.831***	1.043***
		(14.95)	(9.93)	(9.38)
	_cons	-55.36***	-82.18***	-42.15***
		(-11.87)	(-11.64)	(-6.25)
Breusch-Pagan test	chibar2(01)	880.26	390.07	202.84
	Prob >chibar2	0.0000	0.0000	0.0000
Hausmantest	chi2(8)	93.09	79.22	63.67
	Prob>chi2	0.0000	0.0000	0.0000
模型估计类型		固定效应	固定效应	固定效应
N		585	345	240

注:括号中为 t 统计量取值,***、**、*分别表示估计结果在 1%、5%、10%的水平上显著。

6.4 稳健性与内生性讨论

首先,从模型稳健性来看,本部分对木材总产业及其细分行业的贸易收益的影响因素进行实证分析(主回归:模型 1,模型 2 和模型 3),并考虑了贸易伙伴国发展层次,分别对发达经济体和发展中经济体进行分类分析(模型

1-1，1-2；模型 2-1，2-2；模型 3-1，3-2）。可以发现，采用分经济体类型归类后的回归结果尽管在部分变量上的显著性与主回归结果发生了细微变化，但在主要核心变量上的影响方向总体保持一致，并不影响最终的经济解释和讨论，因此，上述实证模型是稳健的。

其次，针对回归结果可能的内生性问题，我们从遗漏变量，测量误差和反向因果三个方面进行分析（李涛、徐翔等，2018）。首先，在变量选择上，本文遵循已有研究，充分考虑林业行业层面和宏观社会经济层面的影响因素，从木材总产业及其细分行业，发达经济体和发展中经济体等多个维度进行分类实证分析，回归结果较为稳健，遗漏重要解释变量的可能性较小。其次，实证分析数据均来源于宏观层面权威数据，并对解释变量进行一定定义与误差处理，因此测量误差的可能性也较小。最后，鉴于汇率可能影响贸易收益，贸易收益水平也可能反向影响汇率，例如美国曾长期指责中国为汇率操纵国，其深层次意图是指责中国降低汇率以谋求更高的贸易收益（马述忠、张洪胜等，2015）。此外，全球价值链参与度与贸易收益也可能产生反向因果的关系（刘敏，2017）。为此，本文利用 Davidson-MacKinnon（戴维森-麦金农）检验（张前程、杨光，2016）对汇率和全球价值链参与度两个解释变量进行内生性识别（表6-7），结果显示 Davidson-MacKinnon 检验 F 统计量 P 值均大于 0.05（原假设为 $P<0.05$ 存在内生性），因此，上述变量与贸易收益并无明显反向因果关系，模型并不存在严重的内生性问题。

表 6-7 Davidson-MacKinnon（1993）内生性检验

Table 6-7 Davidson-MacKinnon (1993) endogenous test

模型/检验	Davidson-MacKinnon 检验 P-value	
	erate	part
模型 1	0.3668	0.6276
模型 2	0.4047	0.6379
模型 3	0.3956	0.5984

6.5 本章小结

本章利用 2000—2014 年中国与 39 个 WIOD 经济体的面板数据通过计量回归模型实证分析了中国木材总产业及其细分行业贸易收益的影响因素，得出以下几点结论：

（1）出口贸易成本、全球价值链相对参与水平是影响木材总产业贸易收益增长的核心因素。首先，由于本文所考察的贸易成本主要以非关税成本为主，因此，主要涉及到各国基础设施条件、运输条件，劳动力工资等差异，上述差异也是造成贸易成本上涨的直接原因，最终将导致贸易成本较高的木材产品出口国丧失国际市场的竞争力，造成贸易收益缩水。为此，进一步降低贸易成本是关键，应积极改善现有的基础设施，提升木材产业物流绩效，通过产业园的发展提升基础设施和物流能力。其次，参与全球价值链越深，越有可能通过价值链上的分工积累实现高级生产技术和经营理念的吸收，进而更可能促进本国木材产业水平的提升，促进贸易收益增长。此外，贸易伙伴国经济发展水平、人口规模、外贸依存度、双边距离，木材贸易政策壁垒对木材产业贸易收益增长也具有较强影响

(2)在细分产业上，出口贸易成本和本国全球价值链相对参与度是影响木材加工业贸易收益的核心因素，而贸易伙伴国经济发展水平、人口规模、外贸依存度，双边距离对木材加工业贸易收益增长也具有较强影响。在造纸业贸易回归结果中，其贸易收益的影响因素与总木材产业类似，具体而言，出口贸易成本和本国全球价值链相对参与度是影响造纸业贸易收益的核心因素，而贸易伙伴国经济发展水平、人口规模、外贸依存度，双边距离，木材贸易政策壁垒对造纸业贸易收益增长也具有较强影响。

第 7 章
木材产业分工地位攀升的驱动因素分析

上文通过对木材产业贸易收益的影响因素分析,揭示参与全球价值链分工下的木材产业贸易收益提升的动力机制。然而贸易收益的提升仅能代表全球价值链升级的幅度,并不能反映一国或产业在全球价值链中的具体地位。全球价值链是一条各国或产业分割生产、专业化分工组成的价值增值链,各国或产业在全球价值链上贡献不同的增加值,然而不同的分工地位决定了其价值链升级的具体方向(黄灿、林桂军,2017)。以木材产业来说,伴随着木材产业垂直专业化分工的发展,中国木材产业参与全球价值链程度和贸易收益均得到提升,这与前文的研究也相符。那么,在参与程度和贸易收益的提升下,其国际分工地位是否得到提高,是位于全球价值链的低端、中端还是高端位置,如何提升木材产业全球价值链分工地位,其驱动机制又是什么?为此,本章节将在梳理已有研究的基础上通过实证检验来回答上述问题。

7.1 理论基础与研究假说

基于全球价值链分工地位理论的内涵可知,较低的国际分工地位主要以"外源型"贸易增长为主,即大量进口中间品,贴牌生产最终品的国家或产业部门,而较高的国际分工地位主要以"内生型"贸易增长为主,即部分进口中间品,主要以自主创新式生产高附加值最终品的国家或产业部门(聂玲,2016)。依据上述内涵可知,具有较高国际分工地位的木材产业部门或国家一般以生产最终品为主,并且生产的木质或纸质最终品具有创新性和高附加值,因此,生产高档木质品及纸制品的产业部门或国家有望成为木材产业全球价值链的链主,即位居全球价值链的高端环节。尽管从基本内涵上较为容易判断全球价值链分工地位,但如何通过数理方法量化分工地位一直是全球价值链相关研究的热点。传统贸易核算视角下，净贸易指数、出口行业结构指数和显性比较优势指数等都是测度国际分工地位较为常用的方法。在全球价值链视角下，相关研究提出了诸如垂直专业化（VS）指数、附加值贸易法、Koopman 等（2010）分工地位的测度方法，而现有关于全球价值链分工地位测度的最新指标是由 Wang 等（2017b）提出的全球价值链分工地位指数（GVCPs），该指标的运用进一步提升了测度国家或产业部门层面全球价值链分工地位的精确性。

此外，针对全球价值链分工地位攀升的动力机制研究并不多，部分研究认为出口产品品质、技术进步、参与国际分工程度、增值能力、外商投资、经济发展水平、城市化率、上市公司发展水平等因素是促进国际分工地位提升的重要因素（Humphrey and Schmitz, 2000; Hummels 等, 2001; Koopman 等, 2008; Bunte 等, 2018; Koopman 等, 2010; 张鸿雁, 2011; Kowalski and Lopez-Gonzalez, 2015; 佟家栋、洪倩霖, 2018）。另有研究认为，母国的贸易开放程度、固定投资是提升产业对外贸易出口竞争力的主要因素（Miroudot, 2016; 王鹏辉, 2016）。

7.1.1 出口产品质量对木材产业分工地位攀升的影响

在全球价值链分工生产体系下，各国或产业部门在链条的不同环节进行专业化生产和贸易利益分配，但由于各自比较优势的差异，仍然导致利益分配不均的问题。因此，实现价值链环节的攀升，掌握国际分工的主动权成为各国或产业部门发展目标。这其中，提升出口产品质量，如技术复杂度、产品附加值是实现产品国际竞争力的关键（Michaely, 1984; 魏军波、黎峰，2017）。由于出口产品质量难以直接观测，现有研究使用较多的仍是以产品技术复杂度的概念来衡量各国出口产品质量（Hausmann 等, 2007; Altomonte and Bekes, 2009; 杨浚、程宝栋等, 2017）。一般而言，相对于低质量的出口产品，出口高质量产品获取的价值链收益通常更高，因为高质量的产品具有良好的口碑，市场占有率较高（刘琳, 2015; 高静、韩德超等, 2019）。在此基础上，长期出口高质量产品的国家或产业部门往往会实现全球价值链地位的攀升，也就是跳出原有链条上的分工生产，进入分工地位更高的环节参与国际竞争，提高市场份额，最终实现主导整个价值链条（UNCTAD, 2013）。有研究运用该指标对新兴经济体以及部分发达国家的全球价值链出口贸易增值能力的影响进行分析，得出产品出口质量对参与全球价值链的国家贸易增长能力具有促进作用，尤其是对新兴经济体的促进作用更为明显（Kowalski and Lopez-Gonzalez, 2015）。

基于此，针对木材产业全球价值链分工地位攀升的影响机理，提出研究假说1：

H1：木材产业出口产品质量有助于全球价值链分工地位的提升。

7.1.2 技术创新对木材产业分工地位攀升的影响

曼斯菲尔德(Peter·Mansfield)从经济学的角度定义技术创新，他将创新称之为企业从设计新产品到最终推销该产品的一种探索，而这种首次应用新技术或新发明进行生产的过程即为技术创新(王晓晴，2016)。由于本文选取的技术创新指标为居民专利申请数量，不仅代表技术创新水平也代表了知识产权的保护力度。既有研究表明，技术创新或间接通过技术转让的方式能够促进制造业生产效率提升并在价值链环节中占据优势地位(Griffith and Reenen, 2004；李平、崔喜君等，2007)。其主要原理在于，全球价值链分工体系下，价值链攀升或者国际分工地位的提升主要是价值链上不同附加值工序在不同国家或产业部门的优化配置。具体而言，主要以低技能、低附加值向高技能、高附加值演变的过程，或者高附加值产业(高生产率产业)比重不断提高的过程(Giuliani 等，2005；Cattaneo 等，2013)。正是基于技术创新的上述原理与逻辑，多数研究表明，技术创新既是经济发展的核心动力，也是提升产业核心竞争力的关键要素，对提升产业部门的全球价值链分工地位具有重要推动作用(Humphrey and Schmitz, 2002；魏龙、王磊，2017；赵玉林、高裕，2019)。此外，针对不同产业类型的特征，凌丹、张小云(2018)通过研究技术创新对技术密集型和非技术密集型产业全球价值链分工地位提升的影响认为，对非技术密集型产业应注重激发创新动力从而实现向高端产业转变，对技术密集型产业应积极注重提升创新绩效从而避免高端产业低端化。本文研究的木材产业总体属于非技术密集型产业，具体从细分产业上，造纸业属于技术密集型产业，因此针对不同产业特征，合理利用技术创新推动产业全球价值链分工地位提升值得关注。

基于此，针对木材产业全球价值链分工地位攀升的影响机理，提出研究假说2：

H2：技术创新能够推动木材产业全球价值链分工地位的提升。

基于上述理论分析，本文拟构建出口产品质量、技术创新驱动木材产业全球价值链分工地位攀升的路径逻辑，如图7-3所示。

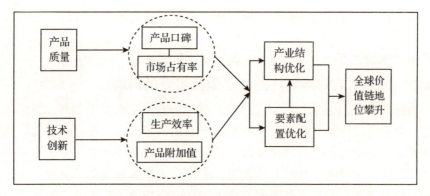

图 7-3　产品质量、技术创新影响木材产业全球价值链分工地位攀升路径

Figure 7-3　Product quality and technological innovation affect the timber industry's GVC division of labor

7.2　木材产业全球价值链分工地位测度

7.2.1　基于生产分解模型的全球价值链分工地位指数

Wang 等(2017b)基于生产分解模型构造了全球价值链分工地位指数(GVCPs)即从一国某产业部门的初始投入品至他国同一产业部门最终品的平均生产阶段数量,这一数量可以用该产业产品的完整生产过程中初始投入品的增加值被计入最终品总增加值的次数来衡量。在此基础上,Wang 等(2017b)从前向联系和后向联系两个方向构建了全球价值链生产长度的测算指标,进而构建国家至产业部门的全球价值链分工地位指数。依据公式(7-1)和(7-2)中有关全球价值链的划分标准,可以得出一国或产业部门层面前向(PLv_GVC)以及后向(PLy_GVC)参与全球价值链的生产长度公式:

$$PLv\_GVC = PLv\_GVC\_S + PLv\_GVC\_C$$
$$= \frac{Xv\_GVC\_S}{V\_GVC\_S} + \frac{Xv\_GVC\_C}{V\_GVC\_C} = \frac{Xv\_GVC}{V\_GVC} \quad (7\text{-}1)$$

$$PLy\_GVC = PLy\_GVC\_S + PLy\_GVC\_C$$
$$= \frac{Xy\_GVC\_S}{Y\_GVC\_S} + \frac{Xy\_GVC\_C}{Y\_GVC\_C} = \frac{Xy\_GVC}{Y\_GVC} \quad (7\text{-}2)$$

公式 7-1 中的 PLv_GVC_S 为简单全球价值链前向联系活动的生产链长度,PLv_GVC_C 是复杂全球价值链前向联系活动的生产链长度,V_GVC_S 和 V_GVC_C 分别为一国某部门中间品出口国内增加值被国外进口国用于生产该国国内消费品部分和被用于生产该国出口品部分。V_GVC 是出口中间品中隐含的国内增加值,Xv_GVC 是上述增加值组成的全球总产出。

公式7-2中，PLy_GVC_S 和 PLy_GVC_C 分别是后向联系中简单全球价值链活动下的价值链长度和复杂全球价值链活动下的价值链长度，Y_GVC_S 为一国某部门从国外进口中间品包含的国外增加值被用于生产国内消费品，Y_GVC_C 为一国某部门从国外进口中间品中隐含的国外增加值被用于该国生产国内出口品或消费品。Y_GVC 是隐含在中间品进口中的增加值，Xy_GVC 为上述增加值在进口国中形成的最终产出。

PLv_GVC 为全球价值链的上游度，PLy_GVC 为全球价值链下游度指标。上游度指数值越大，表明该国某部门越位于全球价值链的上游，即一国某部门的初始投入品到其他国家最终品的生产过程越长。下游度指数值越大，表明该国某部门越处于全球价值链的下游，即从国外初始投入品到一国某部门最终品的生产过程越长（张会清、翟孝强，2018）。依据全球价值链上下游指数的相对地位，可以得出一国某部门的全球价值链地位指数：

$$GVCPs = \frac{PLv\_GVC}{(PLy\_GVC)} \qquad (7\text{-}3)$$

公式7-3的全球价值链地位指数测度值一般在1上下浮动，其优点在于综合考虑了价值链上下游地位，进而能够有效测度国家—产业部门层面的全球价值链相对地位，克服了Koopman等（2010）构造的全球价值链地位指数测算精度不足等问题。

7.2.2 国内木材产业全球价值链分工地位现状

基于生产分解模型方法，利用2016版世界投入产出表对木材加工业和造纸业的全球价值链分工地位进行测度，具体选择包括中国在内的40个经济体作为样本，中国台湾地区、塞浦路斯和马耳他未包括在内。图7-1为2000—2014年中国木材产业及其细分行业全球价值链分工地位测度结果。可以发现：

首先，从木材总产业来看，2000—2014年木材总产业全球价值链分工地位指数均在2左右，其变化趋势主要分为两个阶段，2000—2007年处于持续增长期，而2008年开始，其分工地位处于低速下降期，整体变化幅度较为平稳。

其次，从木材加工业来看，2000—2014年木材加工业全球价值链分工地位指数值均小于1，最大值出现在2014年，最小值在2012年。整体呈现波动式变化趋势，尤其是2000—2011年，这种波动增长或下降的趋势较为明显，2012—2014年阶段变化趋势较为单一，主要以增长为主。

另外，从造纸业来看，2000—2014年造纸业全球价值链分工地位指数值均大于1，最大值出现在2007年，最小值在2013年。其变化趋势主要分为两个阶段，2000—2007年造纸业全球价值链分工地位整体处于增长趋势，这一阶段可能得益于加入WTO后贸易环境大为改善。而2008—2013年造纸业全球价值链分工地位整体处于下降趋势，可能受金融危机影响，但 2014 年开始，其全球价值链分工地位又有了明显的提升。

综上，2000—2014 年中国木材产业全球价值链分工地位指数值变化幅度相对平稳，其中，造纸业分工地位整体要高于木材加工业，但造纸业分工地位波动幅度大于木材加工业。上述趋势在 2008 年金融危机前后更为明显，金融危机后两大木材细分行业分工地位总体处于下降趋势，但在 2012 年之后的分工地位又处于逐渐回升的趋势。

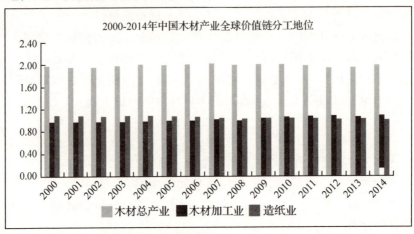

图 7-1　2000—2014 年中国木材产业全球价值链分工地位指数

Figure 7-1　GVC division of labor status index of China's wood industry from 2000 to 2014

7.2.3　国际木材产业全球价值链分工地位现状

上文描述分析了中国木材加工业和造纸业 2000—2014 年的全球价值链分工地位变化，为了更为细致地了解世界木材产业全球价值链分工地位情况，表 7-1 进一步从国别和细分行业层面分析中国与 WIOD 经济体木材产业全球价值链分工地位的特征，并进行比较，从表中可以得出：

(1) 从木材加工业的全球价值链分工地位来看，平均全球价值链分工地位前五位的经济体分别是日本(1.42)，韩国(1.27)，塞浦路斯(1.13)，英国(1.06)和挪威(1.03)。后五位分别是罗马尼亚(0.81)，拉脱维亚(0.80)，保加利亚(0.79)，爱沙尼亚(0.79)和印度尼西亚(0.76)。可以看出，木材加工业平均全球价值链分工地位排名靠前的主要以发达经济体为主，排名靠后的多以发展中经济体为主，说明木材加工业的发展依托于国家经济发展水平和工业生产水平，发达经济体往往在这上述指标上占有较大优势，而发展中经济体在这两项指标上相对发达经济体要弱，因此，木材加工业全球价值链分工的高端地位多数被发达经济体占据。

（2）从造纸业来看，造纸业年平均全球价值链分工地位较高的前五位经济体分别是塞浦路斯（1.24），日本（1.14），希腊（1.10），土耳其（1.06）和中国（1.06）。后五位分别是巴西（0.93），爱沙尼亚（0.90），芬兰（0.90），斯洛伐克（0.90）和加拿大（0.85）。从造纸业经济体特征来看，并不能看出其全球价值链分工地位与经济体特征的基本关系，但从联合国粮农组织林业统计年鉴（2000—2014）来看，上述前五位经济体（除塞浦路斯外）均具有较高的造纸业生产规模。也就是说造纸工业规模较大，具有较好工业基础的经济体，其全球价值链分工地位相对较高，而排在后面的经济体虽然具有丰富的森林资源，但造纸工业的规模相对较小，因此分工地位相对较低。

表 7-1　主要经济体木材产业平均全球价值链分工地位指数

Table 7-1　Average GVC division of labor status index of wood industry in major economies

经济体/行业	木材加工业	造纸业	经济体/行业	木材加工业	造纸业
澳大利亚	0.90	1.01	爱尔兰	0.93	1.02
奥地利	0.88	0.97	意大利	0.96	0.99
比利时	0.88	0.98	日　本	1.42	1.14
保加利亚	0.79	1.04	韩　国	1.27	1.00
巴　西	0.85	0.93	立陶宛	0.86	0.98
加拿大	0.83	0.85	卢森堡	0.95	0.99
瑞　士	1.01	0.97	拉脱维亚	0.80	0.99
中　国	0.93	1.06	墨西哥	0.98	1.00
塞浦路斯	1.13	1.24	马耳他	1.02	1.02
捷　克	0.89	0.95	荷　兰	0.94	1.01
德　国	0.92	0.99	挪　威	1.03	0.98
丹　麦	0.90	1.02	波　兰	0.82	0.98
西班牙	0.95	0.97	葡萄牙	0.88	0.94
爱沙尼亚	0.79	0.90	罗马尼亚	0.81	0.97
芬　兰	0.84	0.90	俄罗斯	0.92	1.02
法　国	0.94	0.98	斯洛伐克	0.89	0.90
英　国	1.06	1.02	斯洛文尼亚	0.88	0.90
希　腊	1.00	1.10	瑞　典	0.90	0.96
克罗地亚	0.85	0.97	土耳其	0.94	1.06
匈牙利	0.90	1.00	中国台湾	1.02	1.05
印度尼西亚	0.76	0.96	美　国	0.98	0.97
印　度	1.02	1.05	—	—	—

数据来源：2016 版世界投入产出表（WIOTs）核算。

为了更为直观地反映中国木材加工业和造纸业在国际分工中的具体全球价值链分工地位，进一步绘制了 2000—2014 年木材总产业及其细分行业全球价值链分工地位指数在 WIOD 经济体中的排名(图 7-2)。可以发现，从木材总产业排名来看，2000—2014 年中国木材产业全球价值链分工地位排名主要在 10~20 名左右浮动，整体处于中端位置。具体而言，木材加工业整体全球价值链分工地位处于 43 个 WIOD 经济体的中端地位，在 20 名左右浮动，2000—2007 年其排名一直处于上升阶段，至 2008 年开始排位逐渐下降，直至 2013 年，排名又开始迅速提高，其中，2000 年的全球价值链分工地位最低，排在 27 位，2014 年和 2007 年排名最高，为第 15 位。

此外，造纸业整体排名要高于木材加工业，其全球价值链分工地位处于 WIOD 经济体的中端往上位置，少数年份处于高端地位。其排位多以 5~10 名之间浮动，排名属于稳步提升趋势，其中全球价值链分工地位最低年份为 2000 年，为第 18 名，最高排位是 2007、2008 和 2011 年，达到第 4 位，整体处于全球价值链中高端地位。

综上，当前中国木材产业总体处于全球价值链中端位置，造纸业全球价值链分工地位要明显高于木材加工业。但国内造纸业无论在生产规模上还是出口额上均要小于木材加工业，主要原因可能是世界木材加工业规模较大的经济体较多，尤其是发达经济体在生产工艺上具有长期积累的优势，因此竞争较大。而造纸业由于其生产工艺以及环境保护要求较高，生产规模较大的经济体并不多，部分发达经济体限于环保压力已逐步退出造纸业市场，因此

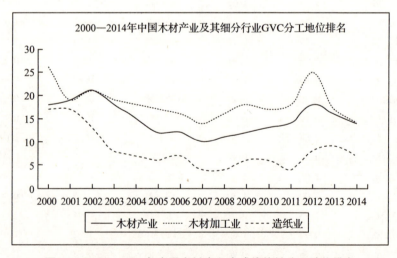

图 7-2　2000—2014 年中国木材产业全球价值链分工地位排名
Figure 7-2　Ranking of GVC division of labor in China's wood industry from 2000 to 2014

总体市场竞争相对不高。特别是造纸业是环境污染较为严重的产业，中国生态环境部 2018 年发布《制浆造纸工业污染防治可行技术指南》，以推动造纸业污染防治技术进步，足以说明其环境污染强度。

7.3 变量选择与数据来源

上文测度了中国与 42 个 WIOD 经济体的木材产业及其细分行业的全球价值链分工地位，得出了上述中国木材产业在国际分工中的具体地位。为了进一步考察木材产业全球价值链分工地位攀升的机理，有必要对其驱动因素进行解析。具体将中国和 39 个贸易伙伴国的木材总产业及其细分行业的全球价值链分工地位指数值作为被解释变量，表示全球价值链分工地位攀升水平。选取出口产品质量和技术创新作为核心解释变量，首先，出口产品质量参考既有研究（Hausmann 等，2007）以出口技术复杂度指标表示，该指标计算公式如下：

$$Total = \sum_j \frac{X_{ij}/X_j}{\sum_j X_{ij}/X_j} Y_j \qquad (7\text{-}4)$$

式 7-4 中，Total 表示世界范围内某类商品或行业的总体出口技术复杂度，由世界全体国家的某产品出口决定，X_{ij} 表示 j 国 i 产品的出口值，X_j 表示 j 国的总出口值，Y_j 表示 j 国家的人均收入，可以用人均 GDP 代替。其次计算中国的出口技术复杂度。

$$esi = \sum_w \frac{X_w}{X} Total \qquad (7\text{-}5)$$

式 7-5 中，esi 即为某国产品的出口复杂度指数，X_w 表示某国 w 产品的出口值，X 表示该国出口总值。其次，技术创新指标参考已有研究，选取居民专利申请数量，该指标包含国家层面的研发强度和知识产权保护两层含义（Bacchiocchi 等，2012）。

另外，选取了以下指标作为控制变量：

（1）木材产业从业人员平均工资水平，从业人员工资水平对木材产业全球价值链分工地位可能有两方面影响，一方面，当从业人员平均工资提高时，意味着高技能的员工比例上升，对分工地位攀升有促进作用；另一方面，当普通员工随着社会经济发展而工资上涨，属于人口红利的下降，不利于产业分工地位的提升（王磊、魏龙，2017；赵晓霞、胡荣荣，2018）。

（2）人均 GDP，母国经济发展水平越高，其工业产业发展水平可能也越高，若是母国经济发展水平相较于贸易伙伴国的经济发展水平更高，那么在全球价值链分工中，母国将占据更优的分工地位，因此，经济发展水平是促进一国产业在国际分工中地位上升的积极因素(Koopman 等，2010；牛蕊、郭凯頔，2018)。

(3)人口规模，相关研究认为，一国或地区人口规模越大，其劳动力资源越丰富，有利于产业规模的扩大，同时能够提升国内市场需求和市场规模(李君华、欧阳峣，2016)。另有研究则认为，人口规模过高，可能导致产业升级困难，容易停滞在劳动密集型产业，主要原因在于过高的人口规模会导致一系列就业问题，也容易产生较大体量的低端人口，为了促进大量劳动力的就业，发展劳动密集型产业是必然趋势，从而不利于产业快速升级(马风涛、段治平，2015)。

(4)外国直接投资净流入，外商投资可能对产业国际分工地位具有积极影响，一定比例的外商资金流入对本国产业的发展具有资金支持，同时，外商投资还有一定的溢出效应，包括技术和先进管理经验的带入(黄灿、林桂军，2017)。但外商投资资金比重过高，易导致本国产业缺乏创新力和竞争力，可能不利于本国产业的发展(姚战琪、夏杰长，2018)。

(5)外贸依存度，外贸依存度代表一国或产业与国际市场的贸易联系紧密度，当一国某产业与国际联系越紧密时，可能会提高该产业的国际分工水平，但也可能由于外贸依赖过强，导致本国产业缺乏核心竞争力(何兴强、欧燕等，2014)。

(6)城市化率，城市化率越高越有利于提升工业化水平和生产率(张鸿雁，2011)并且提升产业集聚效应，主要原因在于城市基础设施、交通条件、通关手续和金融服务更为发达，这是产业能够快速发展的重要外部推力(张云飞，2014)，因此，较高城市化率能够提升制造业产业在国际分工中的竞争水平。

(7)制度环境：经济自由度，该指数的值域区间在 0~100 范围，是结合一国法律结构和体系、金融和商业管制等领域的子指数所得出的合成指标，各子指数包括知识产权保护、贸易壁垒、价格管制、腐败控制等，能够较为全面地反映一国真实制度环境(谭人友、葛顺奇等，2016)。具体各解释变量数据来源如下：

表 7-2　解释变量数据来源

Table 7-2　The data sources of explanatory variables

序号	指标	数据来源
1	木材产业从业人员平均工资水平(wage，美元)	WIOD 网站社会经济数据库(SEA)
2	城市化率	世界银行网站(World Bank)
3	制度环境：经济自由度	美国传统基金会和《华尔街日报》联合发布

注：本部分只对表 4-3，4-7 和 6-1 中未出现的变量进行数据来源说明。

7.4 实证分析

7.4.1 模型设定

依据上述被解释变量及解释变量的定义和说明,设定如下计量经济学模型:

$$WGVCP_{it} = \tau_0 + \tau_1 esi_{it} + \tau_2 tech_{it} + \tau_3 contral_{it} + \mu_i + \varepsilon_{it} \quad (7\text{-}6)$$

$$TGVCP_{it} = \omega_0 + \omega_1 esi_{it} + \omega_2 tech_{it} + \omega_3 contral_{it} + \mu_i + \varepsilon_{it} \quad (7\text{-}7)$$

$$PGVCP_{it} = \eta_0 + \eta_1 esi_{it} + \eta_2 tech_{it} + \eta_3 contral_{it} + \mu_i + \varepsilon_{it} \quad (7\text{-}8)$$

公式 7-6、7-7 和 7-8 中 WGVCP、TGVCP 和 PGVCP 分别为木材总产业、木材加工业和造纸业分工地位指数值,esi 表示出口质量,$tech$ 为技术创新。$contral$ 为控制变量,包括:木材产业从业人员平均工资水平($wage$),人均 GDP($pgdp$),人口规模($people$),外商投资净流入(fdi),外贸依存度($depend$),城市化率($city$),制度环境:即经济自由度指数($institution$)。τ、ω、η 为待估参数,具体变量统计与说明见表 7-3。

表 7-3 变量统计与预期影响方向
Table 7-3 Variable statistics and expected impact direction

变量类型	变量说明	均值	标准差	预期影响方向
被解释变量	木材总产业全球价值链分工地位($WGVCP$)	1.914	0.162	/
	木材加工业全球价值链分工地位($TGVCP$)	0.926	0.124	/
	造纸业全球价值链分工地位($PGVCP$)	0.987	0.057	/
关键解释变量	木材出口产品质量(esi)	0.042	0.064	+
	技术创新($tech$,居民专利申请数量,万件)	2.711	8.271	+
控制变量	木材产业从业人员平均工资($wwage$,美元)	31,214.860	23,940.320	+
	木材加工业从业人员平均工资($twage$,美元)	25,490.230	20,606.560	+
	造纸业业从业人员平均工资($pwage$,美元)	36,939.500	27,873.740	−/+
	制造业出口比重($pgdp$)	27,550.910	22,733.640	+
	人口规模($people$,万人)	10,774.110	27,321.470	+
	外商投资净流入(fdi,万美元)	3484713.000	6583466.000	−/+
	外贸依存度($depend$,%)	86.751	53.361	−/+
	城市化率($city$,%)	0.710	0.137	+
	制度环境($institution$)	66.975	8.517	+

首先，针对木材总产业及其细分行业全球价值链分工地位攀升回归模型的解释变量进行多重共线性检验（表 7-4），可以看出，解释变量相互相关系数较小，可认为不存在严重多重共线性。进一步通过 VIF 检验表明，方差膨胀因子最大值小于 10，最小值大于 0，得出不存在严重多重共线性。

表 7-4 解释变量共线性检验

Table 7-4　Multiple colinearity test for explanatory variables

变量	esi	patent	wwage	mexport	people	fdi	depend	city	institution
esi	1.000								
patent	-0.120	1.000							
wage	0.030	0.050	1.000						
mexport	-0.030	0.229	-0.019	1.000					
people	-0.145	0.400	-0.299	0.082	1.000				
fdi	-0.136	0.397	0.258	0.017	0.278	1.000			
depend	0.143	-0.259	0.201	0.237	-0.305	-0.089	1.000		
city	-0.011	0.078	0.610	-0.174	-0.518	0.173	0.119	1.000	
institution	0.070	0.004	0.723	0.085	-0.409	0.176	0.352	0.569	1.000
VIF	1.060	1.690	2.490	1.300	2.220	1.420	1.390	2.510	2.590
1/VIF	0.947	0.592	0.401	0.767	0.450	0.705	0.719	0.399	0.387

7.4.2　实证结果及其分析

表 7-5 为驱动木材总产业全球价值链分工地位攀升因素的实证结果，其中模型 WGVCP 为木材产业总回归，模型 WGVCP-developed 为以发达经济体为样本的木材产业贸易回归模型，模型 WGVCP-developing 为以发展中经济体为样本的木材产业贸易回归模型。可以得出：

（1）出口产品质量（esi）。出口产品质量对木材产业全球价值链分工地位攀升具有一定正影响（$p<0.10$），与预期相符。说明出口木材产品品质越高，越能促进其全球价值链地位的提升，尽管显著水平不高，但总体而言符合预期逻辑，与现有研究结论也一致（Baldwin and Lopez-Gonzalez，2015）。由于本文选取的该指标为产品技术复杂度，一般而言，技术复杂度越高的产品，其产品附加值也越高，在全球价值链高端环节的产品往往是附加值较高的同类产品，而处于"低端锁定"环节的同类产品附加值和品质都相对较低。对于中国来说，当前的木材产品在技术水平上与发达经济体相比仍有差距，技术含量高、附加值高的产品是未来努力的方向。

表7-5 影响木材总产业全球价值链分工位攀升因素估计结果

Table 7-5 Estimation results of factors affecting the growth of the GVC in the timber industry

类型	变量	WGVCP	WGVCP-developed	WGVCP-developing
关键解释变量	出口产品质量(esi)	0.0714*	0.0758	0.0422
		(1.85)	(1.35)	(0.89)
	技术创新(patent)	0.00151***	0.000442	0.000221
		(3.16)	(0.23)	(0.43)
	木材产业从业人员平均工资(lwwage)	0.00000807	-0.0144	0.00421
		(0.00)	(-0.90)	(-0.63)
控制变量	制造业出口比重(mexport)	0.00131**	0.00236***	0.000843
		(2.50)	(3.22)	(1.31)
	人口规模(lpeople)	0.0846*	0.369***	0.0138
		(1.68)	(3.57)	(1.00)
	外商投资净流入(lfdi)	-0.00305*	-0.00436*	-0.00218
		(-1.70)	(-1.94)	(-0.76)
	外贸依存度(depend)	0.0000673	0.000174	-0.000139
		(0.44)	(0.70)	(-0.69)
	城市化率(city)	-0.857***	-1.189***	-0.195
		(-7.22)	(-6.51)	(-1.32)
	制度环境(institution)	-0.000160	-0.00107	0.000127
		(-0.23)	(-0.92)	(0.16)
	_cons	1.823***	0.205	1.877***
		(4.60)	(0.28)	(9.68)
Breusch-Pagan test	chibar2(01)	1968.71	1055.28	1179.65
	Prob > chibar2	0.0000	0.0000	0.0000
Hausman test	chi2(7)	67.12	51.78	10.52
	Prob>chi2	0.0000	0.0000	0.1610
	模型估计类型	固定效应	固定效应	随机效应
	N	600	345	255

注：括号中为 t 统计量取值，***、**、*分别表示估计结果在1%、5%、10%的水平上显著。

（2）技术创新(tech)，技术创新对木材产业全球价值链分工地位攀升具有显著正影响（$P<0.01$），与预期相符。说明技术水平整体实力越高的经济体，其产业部门的全球价值链分工地位也越高。本文选取的技术创新指标为居民专利申请数量，一方面包含了一国整体的研发水平和研发强度，另一方面也反映了一国知识产权保护的力度，有助于一国或产业部门的技术创新。因此，

就中国而言，中国具有巨大的人口基数，专利申请数量大，但针对木材产业仍需积极鼓励核心技术的创新，同时也要落实相关专利的知识产权保护，通过创新-保护-创新的良性互动带动整个产业的创新水平提高，从而促进产业全球价值链分工地位的跃升。

（3）制造业出口比重（$mexport$），制造业出口比重对木材产业全球价值链分工地位攀升具有较强正影响（$P<0.05$），与预期相符。制造业出口比重越高说明一国具有较强的制造业基础，在国民经济中的地位也较为重要，木材产业作为重要的制造业组成部分，在较强的制造业基础下，有助于提升木材产品的制造水平，从而促进木材产业在参与全球价值链分工中具备一定比较优势。改革开放以来，中国基于制造业的综合实力的提升下带动了众多关联或细分部门产业的发展，中国木材产业的发展归根结底还是来源于制造业的壮大促成了生产技术、劳动力素质和基础设施的提升并反哺于木材产业。

（4）人口规模（$people$），人口规模对木材产业全球价值链分工地位攀升具有一定正影响（$P<0.10$），但在发展中经济体中并无明显正向影响。首先，人口是一国人力资本的重要基础，人口规模越大，劳动力相对越充足，木材产业作为劳动密集型产业需要大量产业工人，因此，人口较为充裕的国家对其产业全球价值链分工地位攀升有一定促进作用。就中国在内的发展中国家而言，发展中国家的木材产业整体水平不高，人口越多反而导致劳动密集型的木材产业无法较快实现升级，加之发展中国家仍有一定人口红利的比较优势，最终导致低端产能继续维持生产。

（5）外商投资净流入（fdi），外商投资净流入对木材产业全球价值链分工地位攀升具有一定负影响（$P<0.10$），这与预期不符，一般而言，相对稳定的外商资金流入有利于本国产业的国际化和产品工艺水平的提升。可能的原因是，若是一国外商投资比例过高，该国产业部门缺乏本土自主性，尤其是木材产业这类资源型产业，过高的外商资金流入更容易导致本国产业受控于外国资本，不利于产业国际分工地位的攀升。

（6）城市化率（$city$），城市化率对木材产业全球价值链分工地位攀升具有显著负影响（$P<0.01$）。已有研究表明，靠近城市或位于城市区域的产业基地能够更快地融入全球价值链，城区一般具有更好的合同执行措施、清关流程更快、金融体系相对完善，有利于提升产业生产效率和国际竞争力（张鸿雁，2011），尤其对于中国的城市来说，由于传统的城乡二元结构掣肘，城市的基础设施、合同执行措施、清关流程、金融体系也更完善。但这并不意味着城市化率越高本国产业全球价值链分工地位也越高，当一国或地区城市化率较高时其产业结构也相应进行优化，传统的制造业将逐渐转移，服务业或总部

经济将取而代之(张云飞,2014)。从本文的木材产业全球价值链分工地位现状分析中也可以发现,欧美城市化率较高的国家或地区,其木材产业全球价值链分工地位并不是都处于较高的地位,因此城市化率的提升能否提高产业国际分工地位取决于该产业的类型。

综上,出口产品质量和技术创新是影响木材产业全球价值链分工地位攀升的核心因素,而制造业出口比重、人口规模、外商投资净流入,城市化率对木材产业全球价值链攀升也具有一定影响,其余变量无明显影响。

表7-6为木材产业的细分行业:木材加工业全球价值链分工地位攀升影响因素估计结果,可以得出:

(1)出口产品质量(exq),出口产品质量对木材加工业全球价值链分工地位攀升具有显著正影响($P<0.01$),与预期相符。说明出口木材加工产品质量越高,越能促进其全球价值链地位的提升,在发达经济体,出口产品质量对木材加工业全球价值链分工地位同样具有较强正影响($P<0.05$),而对发展中经济体无明显影响。可能的原因在于发达经济体拥有更高的经济发展水平,国内制造业工艺水平较高,因此在出口质量提升的情况下,分工地位的攀升更为明显,发展中国家(例如中国)由于经济发展水平的约束,制造业产业升级速度不高,产品工艺和质量提升并不明显,即使在一定程度上提升了产品质量,但对整个产业的分工地位的提升作用并不高。

(2)技术创新($tech$),技术创新对木材加工业全球价值链分工地位攀升具有显著正影响($P<0.01$),与预期相符,并且相比于发展中经济体,对发达经济体的正向作用更为明显。从已有研究来看(黄灿、林桂军,2017),占据全球价值链高端环节的经济体或产业部门往往具备较高的研发能力和知识产权保护力度,技术创新较快,如部分欧美发达经济体在国民经济的诸多行业牢牢把控着全球价值链的高端,从而技术创新对于发达经济体的全球价值链分工地位的跃升更为明显。

(3)木材产业从业人员平均工资($twage$),木材产业从业人员平均工资对木材加工业全球价值链分工地位攀升具有显著正影响($P<0.01$)。由于木材加工业属于劳动密集型产业,人均工资的上涨,表明员工参与生产的产品或者是技术水准相对升高。另外,工资的上涨也会倒逼产业的升级或转移,进入更高层次的国际分工,因此,像木材加工业这类产业,人均工资的上涨或有助于全球价值链分工地位的攀升。

(4)制造业出口比重($mexport$),制造业出口比重对木材加工业全球价值链分工地位攀升无明显影响,但对发达经济体具有较强正影响($P<0.05$)。说明发达经济体的制造业整体水平更具优势,尤其是在制造业处于重要产业部

表 7-6 影响木材加工业全球价值链分工位攀升因素估计结果
Table 7-6 Estimation results of factors affecting the growth of the GVC in the wood processing industry

类 型	变 量	GVCPsdt	GVCPsdt-developed	GVCPsdt-developing
关键解释变量	出口产品质量(esi)	0.0726***	0.0876**	0.0357
		(2.65)	(2.11)	(1.16)
	技术创新(patent)	0.00141***	0.00401***	0.000280
		(4.18)	(2.81)	(0.83)
控制变量	木材加工业从业人员平均工资(lwwage)	0.0124***	0.00869	0.00657
		(2.73)	(0.93)	(1.31)
	制造业出口比重(mexport)	0.000328	0.00132**	0.0000690
		(0.90)	(2.43)	(0.16)
	人口规模(lpeople)	0.105***	0.265***	0.0152
		(2.92)	(3.51)	(1.63)
	外商投资净流入(lfdi)	-0.00272**	-0.00316*	-0.00333*
		(-2.14)	(-1.93)	(-1.77)
	外贸依存度(depend)	0.000232**	0.000221	0.000160
		(2.17)	(1.20)	(1.25)
	城市化率(city)	-0.674***	-0.789***	-0.133
		(-8.00)	(-6.03)	(-1.36)
	制度环境(institution)	0.000281	-0.000152	0.000299
		(0.57)	(-0.18)	(0.57)
	_cons	0.453	-0.584	0.780***
		(1.62)	(-1.08)	(6.10)
Breusch-Pagan test	chibar2(01)	2073.33	1262.39	1148.17
	Prob > chibar2	0.0000	0.0000	0.0000
Hausman test	chi2(7)	73.62	34.12	11.70
	Prob>chi2	0.0000	0.0000	0.1108
	模型估计类型	固定效应	固定效应	随机效应
	N	600	345	255

注：括号中为 t 统计量取值，***、**、*分别表示估计结果在1%、5%、10%的水平上显著。

门的国家，如德国、美国和日本等发达经济体，其制造业在国家经济行业的地位越高越能促进本国制造业全球价值链分工地位的攀升，木材产业作为制造业中的重要一环，在发达经济体中也遵循着上述规律。

(5)人口规模(people)，人口规模对木材加工业全球价值链分工地位攀升具有显著正影响($P<0.01$)，但在发展中经济体中具有较强负影响($P<0.05$)，这与木材总产业的情况基本一致。木材产业作为劳动密集型产业需要大量产

业工人,因此,人口较为充裕的国家对其产业全球价值链分工地位攀升有一定促进作用。但就发展中国家而言,发展中国家的木材加工业整体尚处于较为低产能、高能耗的阶段,人口规模对其促进作用并不明显。

(6)外商投资净流入(fdi),外商投资净流入对木材加工业全球价值链分工地位攀升具有较强负影响($P<0.05$),与预期不符,与木材总产业一致。同样说明过高的外商投资虽然有利于扩大本国某产业的规模和竞争力,但总体受制于外资资本,不利于木材加工业全球价值链分工地位的攀升。

(7)外贸依存度($depend$),外贸依存度对木材加工业全球价值链分工地位攀升具有较强正影响($P<0.05$),与预期相符。较高的对外贸易依存有助于对外贸易合作,能够学习国际先进的产业发展经验和扩展新的贸易市场,有助于促进木材加工业更深入参与全球价值链,促进本国产业的国际竞争力提升。

(8)城市化率($city$),城市化率对木材加工业全球价值链分工地位攀升具有显著负影响($P<0.01$),与木材总产业回归结果类似。靠近城市或位于城市区域的产业基地能够更快地融入全球价值链,也越能形成产业集聚效应,促进本国产业国际竞争力提高。但作为传统的制造业,木材加工业可能会随着城市化率的提升而逐步转移或转型。因此木材加工业国际分工地位并不一定会随着一国或地区城市化率的提高而得到促进,从木材加工业分工地位现状分析中也验证了城市化率较高的国家和地区其分工地位并不一定是处于全球价值链分工地位的高端环节。

综上,出口产品质量和技术创新是影响木材加工业全球价值链分工地位攀升的核心因素,而制造业出口比重、人口规模、外商投资净流入,外贸依存度和城市化率等因素对木材加工业全球价值链分工地位攀升也具有一定影响,其余变量无明显影响。

表7-7为木材产业的细分行业:造纸业全球价值链分工地位攀升的驱动因素估计结果,可以得出:

(1)出口产品质量(esi),出口产品质量对造纸业全球价值链分工地位攀升并无明显影响,与预期不相符。说明出口的纸质产品质量越高,并不一定促进其全球价值链地位的提升,这也说明造纸业与木材加工业有着显著的差异。在以发展中经济体为样本的回归中尽管回归结果并不显著,但系数为正,隐含出发展中经济体纸制品质量的提升或许对其价值链分工地位攀升具有积极作用。

(2)技术创新($tech$),技术创新对造纸业全球价值链分工地位攀升影响并不显著,但回归系数为正,并且相比于发展中经济体,对发达经济体的负向作用更为明显。主要原因在于发达经济体的造纸业产业转移效应更为明显,造纸业作为高污染的一门产业,是当前发达国家或地区积极向外转移的产业,技术创新或许能够提升其收益,但该产业已转移出境,所以对其本国造纸业价值链分工地位的提升无明显积极作用。

(3)造纸业从业人员平均工资($twage$),木材产业从业人员平均工资对造纸业全球价值链分工地位攀升具有较强负影响($P<0.01$),与预期不符。可能的原因在于,造纸业属于资本密集型产业,成本较高,环境负效应较强,因此,生产效率和产品品质同等的情况下,从业人员工资的上涨会对造纸业的国际分工地位提升有一定阻碍作用。

(4)制造业出口比重($mexport$),制造业出口比重对造纸业全球价值链分工地位攀升有显著影响($P<0.01$),说明制造业在国家经济行业的地位越高越能促进本国制造业全球价值链分工地位的攀升。造纸业作为制造业中的重要一环,也随着本国或地区的制造业发展水平的提升而得到提高,实现价值链分工地位的攀升。

(5)人口规模($people$),人口规模对造纸业全球价值链分工地位攀升无明显影响,但对发达经济体造纸业具有一定积极影响($P<0.05$)。由于造纸业属于资本密集型产业,尽管需要一定劳动力(包括高技能工人),但整体需求量相对于木材加工业较小,更为可能的是本国人口规模大,能够提升国内市场空间和潜力,并且能够吸引国外同类产业参与竞争,进一步提升本国造纸业国际竞争力。

(6)外贸依存度(fdi),外贸依存度对造纸业全球价值链分工地位攀升具有一定负影响($P<0.05$),并且这种负向作用在发展中经济体更为明显,与预期不相符。尽管较高的对外贸易依存可能有助于对外贸易合作,提升造纸业更深入参与全球价值链,但造纸业与木材加工业不同,造纸业属于资本密集型产业,过度以原材料进口和最终品出口为导向的发展中国家,并不一定能促进本国造纸业国际竞争力的提升。

(7)城市化率($city$),城市化率对造纸业全球价值链分工地位攀升具有显著负影响($P<0.01$),与木材总产业回归结果类似。同理,作为传统的制造业,造纸业可能会随着城市化率的提升而逐步转移或转型。因此造纸业国际分工地位也并不一定会随着一国或地区城市化率的提高而得到促进,本部分回归结果发现这种约束作用在发达国家或经济体中更为明显。

综上,出口产品质量、技术创新、造纸业从业人员平均工资、制造业比重、外贸依存度和城市化率等因素可能对造纸业全球价值链分工地位攀升具有一定影响,其余变量的影响并不明显。

表 7-7 影响造纸业全球价值链分工位攀升因素估计结果

Table 7-7 Estimation results of factors affecting the climbing of the GVC in the paper industry

类型	变量	GVCPsdp	GVCPsdp-developed	GVCPsdp-developing
关键解释变量	出口产品质量(esi)	-0.00508	-0.0156	0.00331
		(-0.28)	(-0.67)	(0.12)
	技术创新(patent)	0.0000880	-0.00324***	-0.000151
		(0.39)	(-3.98)	(-0.54)
	造纸业从业人员平均工资(lwwage)	-0.0114***	-0.0222***	-0.00885***
		(-3.43)	(-3.11)	(-3.07)
控制变量	制度距离(instdis)	0.000953***	0.000881***	0.000806**
		(3.77)	(2.87)	(2.37)
	人口规模(lpeople)	-0.0267	0.0871**	0.00160
		(-1.11)	(2.13)	(0.28)
	外商投资净流入(lfdi)	-0.000458	-0.00118	0.000401
		(-0.54)	(-1.27)	(0.24)
	外贸依存度(depend)	-0.000148**	-0.00000663	-0.000319***
		(-1.99)	(-0.06)	(-2.78)
	城市化率(city)	-0.187***	-0.387***	-0.0440
		(-3.31)	(-5.07)	(-0.61)
	制度环境(institution)	-0.0327	-0.0746**	-0.0181
		(-1.60)	(-2.35)	(-0.66)
	_cons	1.529***	1.160***	1.117***
		(7.43)	(3.82)	(8.75)
Breusch-Pagan test	chibar2(01)	2277.50	1193.33	753.96
	Prob > chibar2	0.0000	0.0000	0.0000
Hausman test	chi2(7)	29.85	35.96	10.04
	Prob>chi2	0.0001	0.0000	0.1866
	模型估计类型	固定效应	固定效应	随机效应
	N	600	345	255

注：括号中为 t 统计量取值，***、**、* 分别表示估计结果在1%、5%、10%的水平上显著。

7.5 稳健性讨论

为了检验回归结果的稳健性，将 40 个贸易伙伴国分为发达经济体和发展中经济体样本（表格中，分别以 developed 和 developing 表示发达经济体组和发展中经济体组），将中国与两组样本的全球价值链分工地位差值作为被解释变量，解释变量与主回归保持一致，继续进行实证检验（表 7-5 和 7-6）。可以发现，采用经济体类型分类后的回归结果尽管在部分变量上的显著性发生了细微变化，但绝大部分影响木材加工业和造纸业分工地位攀升因素与主回归中对应变量的显著性保持一致，尤其在影响方向上也相差不大，分类回归影响因素的经济解释与主回归结果保持一致，因此本文的实证估计结果是稳健的。

7.6 本章小结

本章利用 Wang 等(2017b)构建的最新的全球价值链分工地位指数测度了木材加工业和造纸业的全球价值链分工地位，同时进行国别比较，得出木材产业全球价值链分工地位的实际特征。进一步运用计量经济学模型实证分析木材产业的主要影响因素，得出以下结论：

(1)2000—2014 年中国造纸业全球价值链分工地位整体要高于木材加工业，具体木材加工业全球价值链分工地位处于国际中端水平，造纸业分工地位处于中端偏上水平。值得注意的是，尽管造纸业的分工地位相对较高，但其分工地位测度值并不高，之所以达到中高端位置，主要原因在于当前造纸业生产工艺以及环境保护要求较高，生产规模较大的经济体并不多，从而间接抬升了中国造纸业国际分工地位的排名。此外，两大木材细分行业国际分工地位变化特征较为相似，以 2008 年金融危机为分界线，金融危机之前两大行业分工地位都处于增长趋势，但金融危机后其分工地位总体处于下降趋势，但在 2012 年之后的分工地位又处于逐渐回升的趋势。

(2)出口产品质量和技术创新整体对木材产业及其细分行业中的木材加工业具有较强的正向影响，与预期相符，也就是说木材产业的产品质量的提升和技术水平的提高是促进其全球价值链分工地位攀升的关键。因此，就中国木材产业而言，未来需要提升自身木材产品质量、附加值，并积极推动木材产业的技术革新，加强知识产权保护，鼓励木材工艺和技术创新。此外，制造业出口比重、木材产业从业人员平均工资、人口规模、外商投资净流入、外贸依存度、城市化率和制度环境等因素分别对木材总产业、木材加工业全球价值链攀升具有一定影响。

Chapter 8 第 8 章
木材产业全球价值链攀升路径分析

2008年金融危机以来,世界各国经济力量此消彼长,全球价值链重构正成为国际经济格局变化的重要表现,对中国产业结构和对外贸易政策相继产生了重要影响(杜传忠、杜新建,2017)。以木材产业为例,中国木材产业作为全球木材产业最重要的市场之一,近年来世界份额占比不断扩大,国际分工地位不断攀升。但也必须认清的事实是,中国木材产业长期以低附加值的加工、装配等环节嵌入全球木材产业价值链中,面临多重向上攀升的瓶颈制约,上文的分析已验证这一事实,并识别了掣肘木材产业全球价值链攀升的关键因素。为此,突破木材产业发展约束,重构木材产业全球价值链或是实现木材产业攀升的路径所在(潘欣磊、侯方淼等,2015)。本章基于全球价值链重构理论,一是结合现有研究量化木材产业全球价值链的重构指标,实证检验木材产业重构能力提升的关键因素。二是厘清木材产业全球价值链攀升的路径演化过程,最后提出木材产业通过价值链重构实现攀升的启示。

8.1 理论分析

Bell and Albu(1999)认为,新兴经济体唯有打破现有国际分工的模式才可能脱离现有价值链低端环节,但打破现有国际分工模式需要自身核心竞争力并掌握全球价值链话语权。Koopman等(2008)在研究中国出口贸易的实际贸易收益中认为,尽管中国贸易出口总量较大,但由于重复计算以及产品缺乏核心竞争力等问题,实际上仍处于全球价值链的低端环节,也就是说,拥有核心竞争力才能摆脱"低端锁定"的枷锁。此后,Cattaneo等(2013)也发现,全球价值链的升级实际就是国际竞争力的升级,一国或产业的国际竞争力提升,其参与全球价值链中的收益和分工地位即能得到提升。此外,国际竞争力也由多方面因素组成,2014年,世界经济论坛(WEF)提出收益、市场占有率或市场地位是一国或产业部门国际竞争力的最直接体现。国内最早有关全球价值链竞争力的研究是从企业视角出发,他认为要提升嵌入企业的竞争力,必须改善企业的价值链地位(龚三乐,2006;刘志彪,2015),另有关于中国制造业的研究也发现,全球价值链分工地位的提升实际就是提高了国际竞争力(于明远、范爱军,2016;戴翔、李洲,2017)。依据上述研究来看,重构的必要条件是构建起核心竞争力,并且,若要重构一国某产业的全球价值链,不仅要提升该产业的收益,也要提升该国全球价值链分工地位,两者合力才能促进该产业全球价值链上的竞争力提高,从而具备全球价值链重构的能力。

8.1.1 基本假设

基于上述分析,本文将全球价值链视角下的木材产业国际竞争力作为重构能力的指标,采用 Koopman 等(2012)提出的国际竞争力新指标(NRCA)。另将贸易收益和全球价值链分工地位的提升作为合力提升重构能力的核心组成部分。

(1)贸易收益。假设存在三个国家,A 国、B 国和 C 国,其中 A 国为分析国,B 国为 A 国贸易伙伴国,C 国为第三国。以三国木材产业(w)为例,各国对 w 产业的需求主要分为两部分:中间品和最终品。利用 WWZ(2014)分解方法将出口增加值分为 16 项的基础上,通过借鉴 Erbahar and Yuan(2017)对三国模型中某个产业的收益计算方式,得出 w 产业的收益,其计算公式如下:

$$\Pi_{Aw} = 最终品增加值 + 中间品增加值 = DVA_{FIN_{AwAw}} + DVA_{FIN_{AwBw}} + DVA_{FIN_{AwCw}} + (DVA_{INT_{AwAw}} + DVA_{REX_{AwAw}}) + (DVA_{INT_{AwBw}} + DVA_{REX_{AwBw}}) + (DVA_{INT_{AwCw}} + DVA_{REX_{AwCw}}) \tag{8-1}$$

$$\Pi_{Bw} = 最终品增加值 + 中间品增加值 = DVA_{FIN_{BwBw}} + DVA_{FIN_{BwAw}} + DVA_{FIN_{BwCw}} + (DVA_{INT_{BwBw}} + DVA_{REX_{BwBw}}) + (DVA_{INT_{BwAw}} + DVA_{REX_{BwAw}}) + (DVA_{INT_{BwCw}} + DVA_{REX_{BwCw}}) \tag{8-2}$$

$$\Pi_{Cw} = 最终品增加值 + 中间品增加值 = DVA_{FIN_{CwCw}} + DVA_{FIN_{CwBw}} + DVA_{FIN_{CwAw}} + (DVA_{INT_{CwCw}} + DVA_{REX_{CwCw}}) + (DVA_{INT_{CwBw}} + DVA_{REX_{CwBw}}) + (DVA_{INT_{CwAw}} + DVA_{REX_{CwAw}}) \tag{8-3}$$

其中,Π_{Aw} 是 A 国 w 行业的收益,$DVA_{FIN_{AwAw}}$ 表示 A 国 w 行业产品作为最终品被本国消费的增加值,$DVA_{FIN_{AwBw}}$ 表示 A 国 w 行业产品作为最终品被 B 国消费的增加值,$DVA_{FIN_{AwCw}}$ 表示 A 国 w 行业产品作为最终品被 C 国消费的增加值,($DVA_{INT_{AwAw}} + DVA_{REX_{AwAw}}$)表示 A 国 w 行业产品作为中间品被本国消费的增加值,其中 $DVA_{INT_{AwAw}}$ 为被本国吸收后的产出继续被本国消费的增加值。($DVA_{INT_{AwBw}} + DVA_{REX_{AwBw}}$)和($DVA_{INT_{AwCw}} + DVA_{REX_{AwCw}}$)分别为 A 国 w 行业产品

作为中间品被 B 国和第三国 C 国消费的增加值，公式 8-2 和 8-3 中 B 国和 C 国的收益依次类推。

（2）分工地位。由于 A 国、B 国和 C 国分别嵌入了全球价值链并在全球分工生产框架下产生了相应的贸易收益，由于三国比较优势的差异，因此必定会在全球价值链条上的地位产生差异（图 8-1）。假设 A、B 和 C 国的在 w 产业上的全球价值链分工地位分别为 $GVCP_{Aw}$、$GVCP_{Bw}$ 和 $GVCP_{Cw}$。

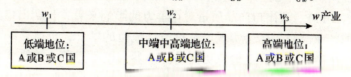

图 8-1 三国模型下全球价值链分工地位示意图

Figure 8-1 Schematic diagram of the division of labor in the GVC under the Three Kingdoms model

基于贸易收益和分工地位的假设，可以得出 A、B 和 C 国全球价值链重构能力的方程：

$$NRCA_{Aw} = \alpha_1 \Pi_{Aw} + \alpha_2 GVCP_{Aw} + \alpha_3 Other_{Aw} \quad (8\text{-}4)$$

$$NRCA_{Bw} = \beta_1 \Pi_{Bw} + \beta_2 GVCP_{Bw} + \beta_3 Other_{Bw} \quad (8\text{-}5)$$

$$NRCA_{Cw} = \lambda_1 \Pi_{Cw} + \lambda_2 GVCP_{Cw} + \lambda_3 Other_{Cw} \quad (8\text{-}6)$$

$NRCA_{Aw}$、$NRCA_{Bw}$ 和 $NRCA_{Cw}$ 分别是 A 国、B 国和 C 国 w 产业在全球价值链条件下的国际竞争力，即重构能力，$Other$ 为其它提升国际竞争力的必要条件，α、β 和 λ 是固定参数。以 A 国为分析国，B 国和 C 国为参照国，由于贸易收益和分工地位是重构能力（竞争力）的核心组成部分，因此 $\alpha_1 \Pi_{Aw} + \alpha_2 GVCP_{Aw} > \alpha_3 Other_{Aw}$，B 国和 C 国依次类推。假设 $\alpha_1 \Pi_{Aw} > \beta_1 \Pi_{Bw}$ 并且 $\alpha_1 \Pi_{Aw} > \lambda_1 \Pi_{Cw}$，同时满足 $\alpha_2 GVCP_{Aw}$ 在图 8-1 中的 w_3 位置，则可满足：$NRCA_{Aw} > NRCA_{Bw}$，并且 $NRCA_{Aw} > NRCA_{Cw}$，也就是是说，在三国中，A 国最具竞争力，也是最具重构 w 产业全球价值链能力的国家。

8.1.2 分析思路

基于上述理论分析和假设，得出贸易收益增长和分工地位攀升是木材产业竞争力的核心组成部分。那么驱动贸易收益增长和分工地位攀升的核心因素是否也对木材产业竞争力具有影响？从贸易成本对竞争力的影响研究来看，有研究表明，当前贸易成本是阻碍一国或产业部门参与国际竞争的最大因素，降低贸易成本是各国寻求在国际竞争中占据优势的重要途径（Novy and Taylor, 2011；Baldwin and Taglioni, 2011），贸易成本较低的国家或产业部门，往往具有较高的贸易收益并在全球价值链参与中积累更强的竞争优势（闫云凤，

2016；程大中、郑乐凯等，2017）。从全球价值链参与度对竞争力的影响来看，Melitz（2003）通过企业的异质性得出，企业首先要在国内建立起自身竞争优势，并进一步参与到国际竞争中，参与国际分工、合作，通过弥补自身比较劣势，从而提升国际竞争力。而国家或产业部门高效并深度地参与全球价值链同样可以提高经济效率和产品市场占有率，进而提升出口国际竞争力（Basnett and Pandey，2014；张向晨，2014；陈立敏、周材荣等，2016；吕越、刘之洋等，2017）。从出口产品质量对竞争力的影响来看，长期出口高质量产品的国家或产业部门往往会实现全球价值链地位的攀升，也就是跳出原有链条上的分工生产，进入分工地位更高的环节参与国际竞争，最终实现主导整个价值链（Koopman 等 2010；UNCTAD，2013；孙少勤、邱璐，2018）。从技术创新对竞争力的影响来看，Humphrey and Schmitz（2002）认为，技术创新既是经济发展的核心动力，也是提升产业核心竞争力的关键要素。以中国制造业的研究来看，部分行业尽管位于全球价值链低端环节，但从发展趋势来看，随着技术创新和产品生产工艺的提高，其国际竞争力将会得到提升（聂聆、李三妹，2014；尹伟华，2016；谢锐、王菊花等，2017；孙少勤、邱璐，2018）。

综上，全球价值链重构能力的掌握或提升，关键在于国家或产业部门在参与全球价值链中的贸易收益和分工地位升级。结合本文第 6 章、第 7 章识别贸易收益和全球价值链分工地位的驱动因素内容：贸易成本和全球价值链参与度是促进贸易收益提高的关键因素，产品出口质量和技术创新是促进分工地位攀升的关键因素。可以得出，贸易成本，全球价值链参与度，产品出口质量和技术创新或也是促进木材产业全球价值链重构能力（竞争力）的关键因素。为此，本文设计了如下木材产业全球价值链重构机制图（8-2）以反映本章研究逻辑。

8.2　实证检验

为了验证上述理论模型的有效性，本部分将进一步通过实证分析验证上述出口贸易成本、全球价值链参与度、出口产品质量和技术创新对木材产业全球价值链重构能力（竞争力）是否具有重要影响。在全球价值链分工体系下，基于出口总量的竞争力（RCA）已不能反映一国某产业的真实国际竞争水平，本文参考 Koopman 等（2012）提出的增加值视角下的新竞争力指数（NRCA）来反映木材产业参与全球价值链分工下的真实国际竞争力，其计算公式如下：

$$NRCA_w^A = \left[\frac{DVA_w^A}{\sum_w^N DVA_w^A} \right] \Big/ \left[\frac{\sum_w^G DVA_w^A}{\sum_A^G \sum_w^N DVA_w^A} \right] \qquad (8\text{-}7)$$

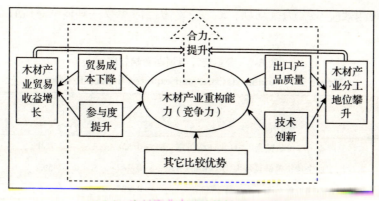

图 8-2 木材产业全球价值链重构机制图

Figure 8-2 Restructuring mechanism of the GVC in the timber industry

公式 8-7 中，$NRCA$ 为国家或产业部门层面的竞争力，DVA_w^A 为 A 国 w 产业出口的国内增加值，其值可由第四章的公式(4-3)得出。

8.2.1 模型设定

在实证检验中，将木材产业及其细分行业的 $NRCA$ 指数值作为被解释变量，关键解释变量分别选取包括贸易成本、GVC 参与度、出口产品质量、技术创新，控制变量的选取主要结合上文实证分析内容，包括人均 GDP、人口规模、外贸依存度、经济自由度和木材贸易政策壁垒等变量，部分变量通过取差值来表示中国与贸易伙伴的相对值，具体实证回归模型设定如下：

$$WNRCA_{ijt} = \kappa_0 + \kappa_1 fcost_{ijt} + \kappa_2 dwpart_{ijt} + \kappa_3 desi_{ijt} + \kappa_4 dpatent_{ijt} + \kappa_5 contral_{ijt} + \mu_i + \varepsilon_{ijt} \tag{8-8}$$

$$TNRCA_{ijt} = \xi_0 + \xi_1 fcost_{ijt} + \xi_2 dtpart_{ijt} + \xi_3 desi_{ijt} + \xi_4 dpatent_{ijt} + \xi_5 contral_{ijt} + \mu_i + \varepsilon_{ijt} \tag{8-9}$$

$$PNRCA_{ijt} = \zeta_0 + \zeta_1 fcost_{ijt} + \zeta_2 dppart_{ijt} + \zeta_3 desi_{ijt} + \zeta_4 dpatent_{ijt} + \zeta_5 contral_{ijt} + \mu_i + \varepsilon_{ijt} \tag{8-10}$$

公式 8-8、8-9 和 8-10 中，i 表示中国，j 表示贸易伙伴国，t 表示年份，$WNRCA$，$TNRCA$，$PNRCA$ 分别表示木材产业，其细分行业：木材加工业和造纸业与 39 个贸易伙伴国的竞争力相对值，表示重构的能力。$fcost$ 表示中国出口贸易伙伴国的木材产业成本，$dpart$（$dwpart$，$dtpart$ 和 $dppart$）表示木材产业全球价值链相对参与度，$desi$ 表示相对出口质量，$dtech$ 表示中国与贸易伙伴国居民专利申请量相对值，即技术创新相对值。$contral$ 为控制变量，包括：人均 GDP 相对值（$dpgdp$），贸易伙伴国人口规模（$people$），外贸依存度相对值（$depend$），制度环境：经济自由度（$dinstitution$）和木材贸易政策壁垒（$policy$）。

μ_i 为非观测效应，ε_{ijt} 为扰动项，κ，ξ，ζ 为待估参数，具体变量统计与说明见表 8-1。

表 8-1　变量统计与预期影响方向

Figure 8-1　Variable statistics and expected impact direction

变量类型	变量说明	均值	标准差	预期影响方向
被解释变量	木材总产业全球价值链竞争力（WNRCA）	-0.538	3.050	/
	木材加工业全球价值链竞争力（TNRCA）	-0.282	2.592	/
	造纸业全球价值链竞争力（PNRCA）	-0.255	1.286	/
关键解释变量	出口贸易成本（fcost）	1.245	0.618	-
	全球价值链相对参与度（dwpart）	-85.095	57.396	+
	出口产品相对质量（desi）	-0.026	0.060	+
	技术创新相对值（dtech，万件）	22.932	25.148	+
控制变量	人均 GDP 相对值（dpgdp，美元）	-24,813.930	22,204.910	+
	贸易伙伴国人口规模（people，万人）	7,622.571	19,167.360	+
	对外贸易相对依存度（depend，%）	-36.834	54.182	+
	制度环境：相对经济自由度（dinstitution，%）	1.253	8.391	+
	木材贸易政策壁垒（policy，是=1，否=0）	0.188	0.391	-

通过相关系数矩阵进行观察（表 8-2），可以看出，解释变量相互相关系数较小，初步认为不存在严重多重共线性。继续引入方差膨胀因子（VIF）进行观察，可以发现变量 VIF 值最大值不超过 10，最小值不小于 0，验证了解释变量不存在严重多重共线性问题。

表 8-2　解释变量共线性检验

Figure 8-2　Multiple colinearity test for explanatory variables

变量	fcost	dwpart	desi	dtech	dpgdp	people	depend	dinstitution
fcost	1.000							
dwpart	-0.358	1.000						
desi	-0.047	0.370	1.000					
dtech	-0.087	-0.190	-0.271	1.000				
dpgdp	0.096	0.238	-0.050	-0.106	1.000			
people	-0.167	0.381	0.159	-0.023	0.242	1.000		
depend	-0.485	0.825	0.140	-0.220	0.357	0.327	1.000	

（续）

变量	fcost	dwpart	desi	dtech	dpgdp	people	depend	dinstitution
dinstitution	0.099	0.246	0.006	0.104	0.633	0.323	0.284	1.000
policy	-0.048	-0.265	-0.346	0.682	-0.091	-0.096	-0.259	0.009
VIF	1.66	4.23	1.46	2.07	1.96	1.27	4.99	1.95
1/VIF	0.602	0.236	0.683	0.484	0.511	0.785	0.2	0.513

8.2.2 实证结果及其分析

表8-3为木材产业及其细分行业全球价值链重构能力（相对竞争力）的影响回来估计结果，其中，模型 WNRCA 为木材总产业回归结果，模型 TNRCA 为木材加工业回归结果，模型 PNRCA 为造纸业回归结果。Breusch-Pagan test 检验和 Hausman 检验最终确定运用面板数据固定效应进行回归检验，从回归结果可以得出：

（1）贸易成本（fcost），与贸易伙伴国的木材产业贸易成本对中国全球价值链重构能力具有显著负影响（$p<0.01$），就木材总产业和木材加工业而言，与预期相符，说明贸易成本是当前中国与贸易伙伴国做大、做强木材产业贸易的重要阻碍因素。

（2）全球价值链相对参与度（dpart），全球价值链相对参与度对中国木材产业全球价值链重构能力具有显著正向影响（$p<0.01$），与预期相符，尽管造纸业的回归结果并不显著，但回归系数为正。因此，表明木材产业积极参与全球价值链分工，提升参与深度，能够促进价值链重构能力的提升，这与谭人友等（2016）研究全球价值链重构和国际贸易竞争格局的研究结论一致。

（3）出口产品相对质量（desi），出口产品相对质量对中国木材产业全球价值链重构能力并无明显影响，但在木材总产业和木材加工业的回归结果中系数方向均为正，可能的原因在于现阶段中国木材产品与发达经济体尚有差距，并且相对质量数值较小，无法明显地反映出出口产品质量对重构能力提升的作用关系，但通过前文出口质量对木材产业全球价值链的显著影响基本可推断出其对木材产业重构能力（国际竞争力）同样可能有积极作用。

（4）技术创新（dtech），技术创新尽管对造纸业价值链重构能力提升无明显影响，但对中国木材产业整体的全球价值链重构能力具有显著正影响（$p<0.01$），与预期相符，本文的技术创新隐含了研发强度和知识产权保护等内容，说明技术创新强度越高，越能促进本国木材产品全球价值链竞争力的提升，这与凌丹、张小云（2018）研究技术创新对全球价值链升级的结论一致。

表 8-3 木材产业及其细分行业重构能力提升的影响因素估计结果
Table 8-3 Estimation results of factors affecting the rebuilding capacity of the timber industry and its sub-sectors

类 型	变量名称	WNRCA	TNRCA	PNRCA
关键解释变量	出口贸易成本(fcost)	-0.621***	-0.731***	0.130***
		(-6.12)	(-8.67)	(2.98)
	全球价值链相对参与度(dpart)	0.00518***	0.0202***	0.00226
		(2.59)	(6.30)	(1.52)
	出口产品相对质量(desi)	0.551	0.961	-0.298
		(0.78)	(1.60)	(-1.03)
	技术创新相对值(dtech)	0.0108***	0.0113***	-0.0000860
		(5.68)	(6.98)	(-0.11)
控制变量	人均 GDP 相对值(dpgdp)	-0.0000207***	-0.00000659**	-0.00000933***
		(-5.56)	(-2.02)	(-6.22)
	贸易伙伴国人口规模(people)	0.0000276	0.00000578	0.00000657
		(1.30)	(0.32)	(0.75)
	对外贸易相对依存度(depend)	0.00462*	0.000537	-0.000552
		(1.68)	(0.23)	(-0.50)
	制度环境(dinstitution)	0.0103	0.0214**	-0.0125***
		(1.06)	(2.58)	(-3.14)
	木材贸易政策壁垒(policy)	0.100	0.106	0.0411
		(0.89)	(1.11)	(0.89)
	_cons	-0.142	0.935***	-0.614***
		(-0.45)	(3.73)	(-4.72)
Breusch-Pagan test	chibar2(01)	951.43	1883.04	2717.37
	Prob > chibar2	0.0000	0.0000	0.0000
Hausman test	chi2(8)	164.23	57.07	26.56
	Prob>chi2	0.0000	0.0000	0.0008
	模型估计类型	固定效应	固定效应	固定效应
	N	585	585	585

注：括号中为 t 统计量取值，＊＊＊、＊＊、＊分别表示估计结果在 1%、5%、10%的水平上显著。

(5)在控制变量上，相对经济发展水平对中国木材产业全球价值链重构能力具有显著负向影响($P<0.01$)，尽管与预期不相符，但也说明了有关木材产业的现实问题，与当前大多数发达经济体木材产业规模缩减，产业转移的事实相符，尤其是部分发达经济体，国内木材产业占国民经济比重已经较低，木材产业作为劳动密集型产业，需要技术和资金的同时还需要大量劳动力和原材料，并不是低能耗、高回报产业。因此，对于经济发展水平较高的经济体来说，木材产业可能成为该国"比较劣势"的产业，重视程度将降低。这也

给了中国木材产业发展的机遇，木材产业作为国内传统产业，无论是规模上，资源禀赋以及带动就业方面，中国都有一定优势。

此外，对外贸易相对依存度对木材产业全球价值链重构能力具有一定正影响（$P<0.10$），由于中国主要以参与全球木材产业链上的中间品和最终品分工为主，国内木材原材料短缺，因此，中国更多地是依赖于木材原材料的进口，从而保障了木材产业链的生产运转。同时外贸依存度的加强也能够促进与贸易伙伴国的木材产业贸易关系，有利于本国木材产业竞争力的提升。

在宏观的制度环境上，经济自由度越高对木材产业的细分行业（木材加工业和造纸业）分别具有较强正影响和较强负影响（$P<0.05$），两种不同作用方向的影响反映出木材加工业和造纸业的不同行业特征。理论上，一国经济自由度越高对本国产业经济竞争力提升越具有促进作用，而对于造纸业的负向影响的可能原因在于造纸业作为一门环境非友好型产业，其发展水平较容易受到本国苛刻的环保政策约束。

综上，实证结果验证了贸易成本、全球价值链参与度和技术创新对木材产业全球价值链重构具有重要影响，尽管出口产品质量未能检验显著性作用，但其总体影响方向仍为正。此外，对外贸易相对依存度、制度环境对木材产业全球价值链重构具有较强影响。因此，在木材产业全球价值链重构的具体策略上有必要以上述因素作为重构的依据和具体举措。

8.3 木材产业实现全球价值链重构的可能性

通过上文的实证估计，验证了木材产业全球价值链重构能力提升的主要驱动力，并且得出外贸依赖程度（贸易环境）和制度环境（经济自由度）等重要支撑重构的条件。

8.3.1 木材产业全球价值链攀升路径演化分析

在验证了木材产业重构能力提升的核心驱动因素后，也为了更为具体地分析重构的具体思路，有必要刻画出木材产业价值链攀升的演化路径。为此，本部分在上文的研究基础上，结合木材产业发展的实际特征和既有文献资料（郭琪、朱晟君，2018；苏敬勤、高昕，2019），构建了木材产业在全球价值链实现价值链攀升的基本路径框架图（图8-3），大致可分为两种类型的木材产品和四个发展阶段：

（1）阶段1为代工生产或贴牌生产时期，这一时期工艺简单型木材产品和工艺复杂型木材产品的参与全球价值链的路径基本一致，均以单一嵌入为主。各生产商多以单打独斗式参与国际木材产品的代工生产，增加了贸易成本和生产性成本。由于是通过上一级厂商提供的样本、图纸或模具进行批量生产，产品质量和附加值不高，生产商利润微薄，生产工人工资较低，例如 20 世纪 90 年代的中国广东和浙江等地的木材企业，基本遵循上述生产方式。这一时期的比较优势特征是：高贸易成本、参与度低、技术创新弱、产品质量低，导致木材产业完全处于全球价值链的低端环节。

（2）阶段 2 为模仿、合作生产阶段，部分木材厂商经过阶段 1 时期的代工生产和贴牌生产积累了一定的原始资本，为了提升企业利润，这一阶段的木材企业开始扩大生产规模，并大量进行模仿制造。得益于 21 世纪初，中国加入 WTO 的背景下，国际木材产品需求大增，中国作为国际工厂，接手大量木材产品的生产订单。此阶段木材企业通过合作嵌入的方式继续参与全球价值链分工生产，部分资本积累较为丰富的企业开始并购国外同类小型或中型木材企业，并且伴随着生产技术的提高，其生产能力也有了提升。这一时期的比较优势特征是：高贸易成本、参与度提升、技术创新提升、产品质量低，木材产业处于全球价值链攀升的初级阶段。

（3）阶段 3 为自主创新阶段或产业升级阶段，中国木材产业的这一阶段起始于 2008 年的国际金融危机之后。这一时期的主要木材企业逐步建立了自有品牌，产业聚集强，大型的企业已经建立跨国公司并且拥有自己的研发能力，如"圣象地板"、"莫干山"和"金利源"等大型木材企业。尽管仍有部分企业此时仍是"小作坊式"企业或代工生产企业，但整个产业主体由于传统比较优势的下降，整体处于生产要素更新换代和产业升级的过程中，在全球价值链中的分工地位攀升较快。这一时期的比较优势特征是：高贸易成本、参与度提升、技术创新提升、产品质量提升，从本文第 7 章节的中国木材产业国际分工地位上来看，基本处于中端或以上水平，但离高端环节仍有差距。

（4）阶段 4 为掌握国际话语权阶段即全球价值链链主位置，这一阶段为木材产业全球价值链的最高环节，彻底摆脱"低端锁定"效应，能够配置整个木材产业全球价值链的分工生产，指导整个木材产业的发展走向。而此时期的大型木材企业主要通过营销和设计两大块的主营业务来获取收益，并且运用互联网平台开展企业贸易业务，开发会员模式实现产品定制生产。这一时期的比较优势特征是：低贸易成本、参与度高、技术创新强、产品质量高。中国当前的木材产业整体距这一时期的发展阶段有较大距离，需要通过自身比较优势的重塑和产业政策的优化才能实现真正的链主位置。

综上，从本文构建的木材产业全球价值链重构的演化路径可以看出，阶段 1 至阶段 4 是实现全球价值链重构的完整过程，并不是所有国家都能够完成这四个阶段并实现重构，而中国作为世界木材产业大国，通过提升或重塑比较优势，极有可能通过上述路径实现真正的攀升。

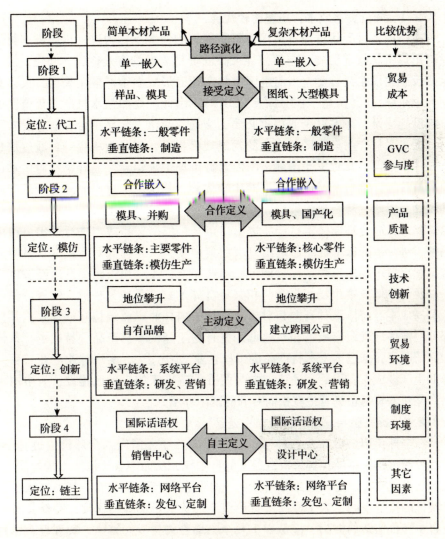

注：依据本文研究结果并结合现有文献资料整理。

图 8-3 木材产业全球价值链攀升的路径演化图

Figure 8-3 Evolution of the GVC reconstruction path of the timber industry

8.3.2 木材产业全球价值链重构启示

上文构建了木材产业全球价值链攀升的路径演化图，基本明晰了中国木材产业从参与全球价值链，到收益增长、地位攀升并最终实现全球价值链攀升的具体过程。这一过程部分既是世界少数国家木材产业已走之路，也是未来中国木材产业可能面临的选择。为此，基于上文分析，本文拟提出以下几点中国木材产业通过全球价值链重构实现攀升的启示。

8.3.2.1 降低贸易成本，重塑比较优势

在中国木材产品对外贸易规模不断增长的势头下，为进一步促进木材产品进出口贸易稳定发展，应积极寻求降低贸易成本的有效途径。首先，加强基础设施建设尤为必要，当前中国木材产业已形成多个产业集聚区，大多集中在中东部地区（杨超、程宝栋等，2017）。因此，要加强木材产业集聚区的基础设施建设，为木材企业提供必要的交通、通讯、交易平台和信息发布平台，促进木材产业集聚区的企业的发展规模提升，交易效率提升，通过信息发布平台建设，及时发布国际、国内木材市场供求信息，提升企业对供求信息的对称性，重塑木材产业出口的比较优势。其次，木材产业具有绿色产业的属性，因此，从宏观政策层面应给予税费优惠，出口手续简化等政策性优惠。此外，应合理选择木材产品进出口市场，依据贸易成本进行进出口市场调整，进一步降低木材产品进出口市场集中度，从而降低对高成本木材产品进口和出口市场的依赖。在目标市场的选择上，还应积极拓宽发达经济体市场以及部分低成本市场，提升与相关经济体木材产品贸易份额，例如：部分低贸易成本经济体森林资源相对丰富，与中国林业产业结构互补性强，并且部分经济体地理距离成本相对较低，更有利于降低木材产品贸易成本。条件适宜情况下，推进本土木材产品进出口企业"走出去"，实现林业产业转移并降低生产性成本。最后，还应加强与西方发达国家的自贸区建设，为中国木材产品对外贸易市场营造宽松而有利的国际环境。

8.3.2.2 提高参与深度，打造自主链条

在全球价值链分工生产体系下，一国或产业部门嵌入全球价值链越早，参与度程度越深越能把握价值链条上的自主权，从而储备价值链重构的能力。从上文有关木材产业及其细分行业的全球价值链参与度来看，其参与水平还有较大的提升空间，为了提高木材产业全球价值链的参与深度，存储具备打造自主性价值链的能力，应从以下几个方面着力提升。首先，实现现有木材产业企业的分层提高、分工合作能力，部分大型木材企业应积极参与国际竞争，积极拓展国际市场，尤其是国内增加值率较高的市场，产品定位以高附加值产品为主。部分中小企业积极与上述大型企业实现"依附生存"做到细化分工，为大型企业提供木材产品零部件和产品维护，将完整的国内价值链与全球价值链进行连接，提升本国整体产业的国际参与度。其次，部分中大型企业还应积极与国际跨国公司进行合作，实现比较优势互补，以形成合资子公司的形式扩大产业规模和产品国际市场占有率，通过国际市场的产品占有率实现所在全球价值链环节上的把控，同时寻求产品优势的进一步提升。另外，本土木材产业部门或行业协会还应积极支持部分大型木材企业的国际化

水平，推动部分具有较高水准的大型木材企业做强做大，形成以跨国公司为代表的本土木材企业参与国际竞争并带动中小企业在生产标准化和管理理念上与国际接轨。

8.3.2.3 拓展产品功能，提升工艺品质

尽管上文的实证检验中，未能有效识别出口产品质量对木材产业全球价值链重构能力（竞争力）具有积极作用，但从系数方向以及上文出口产品质量对木材产业全球价值链分工地位的积极作用，可以推断出出口产品质量可能是推动木材产业全球价值链重构的重要因素。因此，从提高产品出口质量实现重构能力提升上，可以从以下几个方面着手：首先，在产品功能上要进行拓展，现有木材产品在功能上的拓展多由发达经济体的企业进行设计或应用，发展中经济体一般作为生产者的角色较多，在产品功能设计上明显不足，因此要对现有木材产品进行使用功能上扩展，例如防火、耐腐蚀性板材、木地板等木材产品，也可在环保功能上进行延伸，例如无醛、无苯木材产品等。其次，还应在产品生产上实现标准化，促进木材产品工艺流程和品质上的提升，具体而言，一是要在同类木材产品上制定国内工艺标准，已有的标准需要对接国际同类产品的标准体系。二是要提升中小企业产品生产工艺和品质，尽管当前中国的木材产业规模已达到世界级水平，但生产工艺较低的中小木材企业仍占较大比例，以林业企业为例，截止2017年底，我国约有林业企业4.5万家左右（牛雪蓉、张敏等，2018），但国家林业和草原局认定的重点龙头林业、草业企业合计仅为416家（国家林业和草原局，2019）。因此，提升木材中小企业的生产工艺和产品质量是促进木材产业整体竞争力提升的重要举措。最后还应加强产品质量监管措施，及时淘汰落后产能，将行业资源集中到具有发展潜力、拥有一定市场竞争力的木材企业上。

8.3.2.4 鼓励科技创新，保护知识产权

技术创新是推动产业迈向全球价值链中高端，甚至掌握价值链链主地位的关键，而长期从事缺乏核心技术的加工组装环节将被持久"低端锁定"，中国木材产业或许也面临这样的困境。但实际上，依靠技术创新仍可能建立起一套完整价值链体系，重构原有价值链。首先，木材产业的行政部门或行业协会应积极鼓励木材领域的科技创新，践行木材行业的"大众创业、万众创新"的目标并积极寻求相关专利发明的申报、运用和推广，加强专利发明的转化力度和新产品的开发。对相关发明、技术改进实施一定奖励和补贴，但要优化补贴模式，倡导对企业、研究机构和个人绩效式的奖励措施（例如根据技术或专利推广后的实际效益进行奖励）。其次，还应加强国际合作，当前技术创新最为活跃的国家多以欧美发达经济体为主，积极消化发达经济体木材产

业领域的先进技术和理念，在此基础上做到消化吸收再创新，打造自主品牌和拳头产品，才有可能突破现有价值链条上的桎梏。若能突破现有价值链升级的瓶颈，可进一步延长价值链，转移现有加工制造环节至生产成本更低的国内地区或国外，自身成为总部或研发中心，构建以本土企业为核心的木材产业国际分工新链条。最后，应加强对木材产业领域的知识产权保护力度，由木材行业协会成立自主监督机制，为技术创新营造公平的竞争环境。

8.4 本章小结

本章对中国木材产业全球价值链重构进行了系统分析，得出了木材产业通过全球价值链重构实现攀升的路径启示，具体以全球价值链体系下的木材产业竞争力作为木材产业重构能力的具体指标，构建了木材产业全球价值链重构能力提升的理论机制，实证检验了其重构能力提升的具体驱动因素，刻画了木材产业实现全球价值链攀升的路径演化过程，最终提出了木材产业全球价值链重构的针对性启示。具体可分为以下几点：

（1）本文验证了贸易成本、全球价值链参与度、技术创新等关键因素对木材产业全球价值链重构能力提升具有重要影响。此外，尽管出口产品质量无明显影响，但通过系数符号为正，在上文对木材产业全球价值链分工地位攀升也具有显著正影响，以及通过文献资料可最终推断出产品质量能够对木材产业全球价值链重构能力的提升有促进作用，另外，贸易环境(外贸依存度)、制度环境(经济自由度)也可能是影响木材产业全球价值链重构能力提升的因素。

（2）通过前文对中国木材产业发展特征分析以及影响木材产业全球价值链攀升的因素识别，刻画了木材产业从代工生产、贴牌生产，模仿、合作生产，自主创新、产业升级阶段和掌握国际话语权等四个阶段实现价值链攀升的路径演化过程。为中国木材产业的发展路径归纳和未来发展趋向提供了理论参考。

（3）最后，本文从降低贸易成本，重塑比较优势；提高参与深度，打造自主链条；拓展产品功能，提升工艺品质和鼓励科技创新，保护知识产权等四个方面给出了中国木材产业通过价值链重构实现全球价值链攀升的路径启示。

第 9 章
研究结论、政策启示及研究展望

在系统回顾相关理论和经验研究的基础上,本文基于 2000—2014 年世界投入产出表数据,运用世界投入产出模型测度了包括中国在内的 WIOD 经济体的木材产业全球价值链参与程度,增加值贸易收益,分工地位以及国际竞争力,同时利用林业行业与社会经济数据实证分析了木材产业参与全球价值链的动因,全球价值链攀升机制和价值链重构路径等内容,最终得出以下结论和政策启示。

9.1 研究结论

第一,从木材产业参与全球价值链现状分析中得出:当前中国木材产业主要以后向参与的方式嵌入全球价值链,也就是主要参与木材最终品的国际分工生产,但整体参与程度不高,与多数发达经济体仍有较大差距,未来有较大的提升空间。此外,2000—2014 年木材加工业和造纸业全球价值链参与度变化轨迹均呈"N"字型。实证分析木材产业全球价值链参与度的影响因素发现,外贸依存度较高的经济体往往更倾向于积极参与木材产业全球价值链,并且参与程度相对较高。经济发展水平较高的经济体全球价值链参与程度可能比经济发展水平较低的经济体要高,城市化率较高的经济体同样也是以后向参与为主,并且参与程度相对较高。在木材产业不同的细分行业上,研究还发现,森林资源丰富的经济体其木材加工业前向参与度较高,说明森林资源禀赋能够促进一国参与木材加工业的原材料和中间品的供给。而森林租金较高的经济体中,其木材加工业前向参与度较低,可能的原因在于森林租金较高的经济体其原材料供给的机会成本更高,或者说其森林资源的价值远高于木材供给。技术创新则能够促进一国造纸业后向参与的提升,由于造纸业属于技术密集型产业,技术的进步更利于产业参与国际分工竞争,这一积极作用与预期吻合。

第二，在木材产业在全球价值链分工体系下贸易收益及其增长的机制分析中发现：国内增加值（剥离传统贸易核算中属于国外增加值和重复计算部分）是木材产业出口增加值中比重最大的部分，具体来说，中国木材产业国内增加值占总出口额的80%以上比重，但造成统计虚高的国外和重复计算的增加值份额也不容小觑，比重已达总出口额的15%左右，以中国木材产业出口贸易额的体量，这一比重较高，未来木材产业贸易的出口额核算方式亟待以新的增加值贸易核算方式替代。此外，从木材贸易出口国别来看，美国是当前中国木材产业出口的最大市场，年均出口额达25亿美元以上，出口最大的发展中经济体是印度尼西亚，年均出口额在1.5亿美元左右。在出口增加值结构上，木材及其细分行业出口至部分发达经济体的国外增加值和重复计算部分比重要高于发展中经济体。中国木材产业贸易收益与部分发达经济体相比仍有差距，但差距正在缩小，与部分发展中经济体相比中国的贸易收益相对更高。进一步实证分析木材产业贸易收益的增长机制发现，木材产业贸易成本是约束贸易收益增长的核心因素，贸易成本过高将间接反映到产品价格上，导致国际市场的竞争力下降，贸易收益缩水。研究还发现，木材产业全球价值链相对参与水平是促进贸易收益增长的关键因素，尤其对发展中经济体而言，这种积极影响更为明显，主要原因在于参与全球价值链越深，越有可能通过国际分工积累实现高级生产技术和经营理念的吸收并促进贸易收益增长。与此同时，贸易伙伴国经济发展水平、人口规模、外贸依存度，双边距离，木材贸易政策壁垒也对本国木材产业贸易收益有一定影响。

第三，在木材产业全球价值链分工地位及其攀升的机制分析中发现：2000—2014年中国木材产业全球价值链分工地位指数值变化幅度相对平稳，整体处于43个WIOD经济体的中端位置，其排位低于主要发达经济体，但高于多数发展中经济体。其中，造纸业分工地位整体要高于木材加工业，但造纸业分工地位波动幅度大于木材加工业，木材加工业分工地位排名与木材总产业类似，而造纸业排名则位于中端向上位置，部分年份达到前十名。不可否认的是，中国木材产业主要以规模上的优势较为突出，但核心比较优势不多，部分年份分工地位上涨或与中低端产品市场份额较高有关，未来在国际分工地位上仍有较大提升空间。进一步实证分析木材产业分工地位的攀升机制发现，木材产品出口质量、技术创新是推动其国际分工地位攀升的关键因素，尤其是对发达经济体的促进作用更为显著，这说明木材产业作为传统的制造业，其国际分工地位的提升离不开经济发展水平的支撑，也就是说在长期国民经济发展水平更高的经济体中，其木材产品的质量和技术创新对国际分工地位提升带来的溢出效应更为明显。此外人口规模、城市化率和外商投资净流入也对木材产业及其细分行业具有较强影响，而外贸依存度和制度环境则分别对木材加工业和造纸业有一定影响。

第四，对木材产业全球价值链攀升路径的分析表明：全球价值链分工体系下的新比较优势"NRCA"可作为全球价值链重构能力（竞争力）的具体量化指标，其囊括了贸易收益增长、分工地位攀升等其它能够促进全球价值链竞争力的重要组成部分。实证分析也验证了能促进贸易收益增长的贸易成本下降、全球价值链参与度提升和促进分工地位攀升的出口产品质量、技术创新等变量也能促进"NRCA"的提升，从而通过此，构建了木材产业全球价值链攀升的完整路径过程，可为未来中国木材产业实现全球价值链攀升提供理论参考。最后，本文从降低贸易成本，重塑比较优势；提高参与深度，打造自主链条；拓展产品功能，提升工艺品质和鼓励科技创新，保护知识产权等四个方面给出了中国木材产业通过全球价值链重构实现攀升的路径启示。

9.2 政策启示

基于上述主要研究结论，可得出以下几点政策启示：

首先，针对传统贸易核算的弊端以及木材产业贸易重复计算和国外增值比例较高问题，相关统计部门应将增加值贸易核算方式纳入木材产业出口贸易统计中，核算出贸易收益的真实分配，得出中国木材产业贸易收益的真实利得，避免由于贸易利益的统计误差而造成的国际木材贸易争端，同时也为木材产业、贸易政策的制定提供数据参考。

其次，由于贸易成本是当前木材产业贸易收益获取的核心阻碍因素，为此，在推进木材产业全球价值链攀升的过程中，应加强木材产业生产、运输和交易所需的基础设施建设，简化进出口通关手续，实施科学有效的贸易便利化举措来降低木材产业贸易成本，与此同时，相关产业部门也应积极引导木材企业依据贸易成本和经济体类型合理选择进出口市场。另外，越来越多的国家或地区从参与全球价值链中受益，应进一步加大国际木材产业贸易合作，加强本国木材跨国公司的培育，推动本土木材企业"走出去"，着力提高木材产业全球价值链的参与深度和参与强度。

此外，针对木材产品质量对其分工地位的积极作用，要提升处于价值链低端环节的木材企业产品质量，及时淘汰落后产能，在产品功能上也要进行拓展，制定本国的木材产品生产工艺标准和质量标准，已有的标准体系需要与国际接轨。另外，针对技术创新对木材产业国际分工地位的积极作用，应鼓励木材产业领域的科技创新，实施木材产业的科技创新奖励机制。积极学习价值链高端环节的经济体木材产业先进技术和理念，在此基础上做到消化吸收再创新，打造自主品牌和拳头产品，构建以本土企业为核心的木材产业国际分工新链条。与此同时，还应加强对木材产业领域的知识产权保护力度，由木材行业协会成立自主监督机制，为木材产业的技术创新营造公平的竞争环境。

最后，木材产业作为传统的制造业，要从"量"和"质"两方面来看其全球价值链攀升问题。一方面，现阶段我国仍需要一定体量的劳动密集型木材产业来支撑整个行业的规模化和产业化，满足市场不同层次的需求。另一方面，可以看到整个木材产业仍旧处于中端及以下水平，需要一部分木材企业通过国际分工地位的攀升来带动整个产业迈向国际高端环节。因此，现阶段的中国木材产业发展不能一刀切，应该着力在"量"和"质"上齐头并进，形成多层次发展。

9.3 研究不足与展望

由于方法和数据局限，本文的研究尚有一些不尽如意的地方，也存在一些值得继续挖掘的研究问题，具体可归纳为以下几点：

第一，本文采用的 2016 版世界投入产出数据时间跨度为 2000—2014 年，涵盖了 43 个经济体和 56 个产业部门。在时间范围上，2014 年后国际木材产业发展态势有了新的发展，2000—2014 的时间范围不足以代表国际木材产业发展的最新特征和趋向，未来待数据更新后可以做进一步的分析。

第二，在产业部门的细分上，2016 版世界投入产出表只能细分出木材加工和造纸业两个产业部门，其产品类型较粗，既有木质林产品有几十种，但当前尚无细分类别特别精细的数据库，所以在研究对象选择上，可以在数据允许的情况下，将木材产业的细分行业划分更为精细，观测出木材产业在全球价值链上的更多特征。

第三，木材产业在中国具有较大的规模和发展潜力，未来的研究可以从微观层面入手，对大型跨国木材公司、中型和小型木材企业在全球价值链中的分工特征和在价值链上的收益、分工地位的发展轨迹进行深入探讨。

主要参考文献

[1] 陈昌华. FDI、人口规模与经济增长对国际贸易流量的影响——基于43个国家1987—2003年的面板数据检验[J]. 探索, 2008(1): 97-101.

[2] 陈仲常, 马红旗, 绍玲. 影响中国高技术产业全球价值链升级的因素[J]. 上海财经大学学报, 2012(2): 56-64.

[3] 陈立敏, 周材荣, 倪艳霞. 全球价值链嵌入、制度质量与产业国际竞争力——基于贸易增加值视角的跨国面板数据分析[J]. 中南财经政法大学学报, 2016(5): 118-126.

[4] 陈立敏, 周材荣. 全球价值链的高嵌入能否带来国际分工的高地位——基于贸易增加值视角的跨国面板数据分析[J]. 国际经贸探索, 2016(10): 26-43.

[5] 陈莹. 基于中国—中南半岛经济走廊的我国全球价值链提升研究[D]. 昆明: 云南师范大学, 2018.

[6] 柴斌锋, 杨高举. 高技术产业全球价值链与国内价值链的互动——基于非竞争型投入占用产出模型的分析[J]. 科学学研究, 2011(4): 533-540.

[7] 程宝栋, 秦光远, 宋维明. "一带一路"战略背景下中国林产品贸易发展与转型[J]. 国际贸易, 2015(3): 22-25.

[8] 程宝栋, 李凌超. 非法采伐、跨国木材合法性保障制度与相关贸易: 进展、挑战和对策[J]. 国际贸易, 2016(7): 38-42.

[9] 程宝栋, 宋维明. 中国木材产业安全研究[M]. 北京: 中国林业出版社, 2007.

[10] 程宝栋, 印中华. 中国对非木材产业梯度转移问题分析[J]. 国际贸易, 2014(3): 22-25.

[11] 程宝栋. 中国木材产业安全研究[D]. 北京: 北京林业大学, 2006.

[12] 程大中. 中国参与全球价值链分工的程度及演变趋势——基于跨国投入-产出分析[J]. 经济研究, 2015(9): 4-16.

[13] 程大中, 郑乐凯, 魏如青. 全球价值链视角下的中国服务贸易竞争力再评估[J]. 世界经济研究, 2017(5): 85-97.

[14] 戴翔, 李洲. 全球价值链下中国制造业国际竞争力再评估——基于Koopman分工地位指数的研究[J]. 上海经济研究, 2017(08): 90-101.

[15] 戴永务, 刘伟平, 余建辉. 市场化改革对中国木材加工业国际竞争力影响研究[J]. 农业经济问题, 2013(1): 77-85.

[16] 代谦, 何祚宇. 国际分工的代价: 垂直专业化的再分解与国际风险传导[J]. 经济研究, 2015(5): 20-34.

[17] 刁钢. 中国木材进口市场特征、弹性与风险研究[D]. 北京：北京林业大学，2014.
[18] 杜传忠，杜新建. 第四次工业革命背景下全球价值链重构对我国的影响及对策[J]. 经济纵横，2017(4)：116-121.
[19] 顾婷婷. 人力资本流动、知识外溢与技术创新研究——基于产业集群创新系统的视角[J]. 技术经济与管理研究，2016(10)：31-37.
[20] 国家林业局. 中国林业发展报告[M]. 北京：中国林业出版社，2013.
[21] 顾晓燕. 中国木质林产品出口贸易结构风险测算——基于1995年—2009年数据[J]. 资源科学，2011(08)：1522-1528.
[22] 高静，韩德超，刘国光. 全球价值链嵌入下中国企业出口质量的升级[J]. 世界经济研究，2019(2)：74-84.
[23] 郭孟珂. 全球价值链框架下国际运输成本的研究[D]. 北京：对外经济贸易大学，2016.
[24] 郭琪，朱晟君. 市场相似性与中国制造业出口市场的空间演化路径[J]. 地理研究，2018(07)：129-142.
[25] 龚三乐. 产业升级、全球价值链地位与企业竞争力[J]. 北方经济，2006(10)：67-68.
[26] 郭秀慧. 全球工序分工背景下跨国公司内部贸易利益分配研究[D]. 沈阳：辽宁大学，2013.
[27] 葛明，赵素萍. 总值贸易、贸易增加值与增加值贸易的逻辑关系与实证比较[J]. 武汉大学学报(哲学社会科学版)，2017(2)：61-72.
[28] 葛明，赵素萍，林玲. 中美双边贸易利益分配格局解构——基于GVC分解的视角[J]. 世界经济研究，2016(2)：46-57.
[29] 韩明华，陈汝丹. 中国中小制造企业全球价值链升级的影响因素研究——基于浙江的实证分析[J]. 华东经济管理，2014(9)：23-28.
[30] 黄灿，林桂军. 全球价值链分工地位的影响因素研究：基于发展中国家的视角[J]. 国际商务(对外经济贸易大学学报)，2017(02)：7-17.
[31] 黄蕙萍，尹慧. 中国战略性新兴产业全球价值链升级影响因素分析[J]. 科技管理研究，2016(10)：19-24.
[32] 侯方淼，田朝，曹月明. 基于全球价值链下的中国上市林业企业林产品出口贸易增加值率微观测算[J]. 世界林业研究，2017(3)：81-85.
[33] 何畅，缪东玲. 中国纸浆进口的风险评估与减缓对策[J]. 林业经济问题，2018(3)：69-73.
[34] 何兴强，欧燕，史卫，等. FDI技术溢出与中国吸收能力门槛研究[J]. 世界经济，2014(10)：52-76.
[35] 胡军. 基于全球价值链的地方产业集群升级研究——以广东东莞的IT产业集群为例[D]. 南京：东南大学，2006.
[36] 胡昭玲，宋佳. 基于出口价格的中国国际分工地位研究[J]. 国际贸易问题，2013(3)：15-25.

[37] 蒋殿春,张庆昌. 美国在华直接投资的引力模型分析[J]. 世界经济,2011(5):26-41.

[38] 蒋业恒,陈绍志. 中国林产品制造业的贸易竞争力——基于本国增加值的分析[J]. 林业经济,2016(07):54-61.

[39] 蒋业恒,陈勇,张曦. 中国林业产业发展与变化分析——基于世界投入产出表的实证研究[J]. 林业经济,2018(01):44-49.

[40] 林桂军,何武. 全球价值链下中国装备制造业的增长特征[J]. 国际贸易问题,2015(06):3-24.

[41] 李平,崔喜君,刘建. 中国自主创新中研发资本投入产出绩效分析——兼论人力资本和知识产权保护的影响[J]. 中国社会科学,2007(02):32-42.

[42] 凌丹,张小云. 技术创新与全球价值链升级[J]. 中国科技论坛,2018(10):59-67.

[43] 李超,张诚. 中国对外直接投资与制造业全球价值链升级[J]. 经济问题探索,2017(11):114-126.

[44] 李宏艳,王岚. 全球价值链视角下的贸易利益:研究进展述评[J]. 国际贸易问题,2015(05):103-114.

[45] 李建军,孙慧. 融入全球价值链提升"中国制造"的国际分工地位了吗?[J]. 内蒙古社会科学(汉文版),2016(02):112-118.

[46] 李君华,欧阳峣. 大国效应、交易成本和经济结构——国家贫富的一般均衡分析[J]. 经济研究,2016(10):27-40.

[47] 李磊,刘斌,王小霞. 外资溢出效应与中国全球价值链参与[J]. 世界经济研究,2017(04):43-58.

[48] 李涛,徐翔,张旭妍. 孤独与消费——来自中国老年人保健消费的经验发现[J]. 经济研究,2018(01):124-137.

[49] 林玲,余娟娟. 中国制造业出口贸易利益的测算及影响因素研究[J]. 当代经济科学,2012(05):81-89.

[50] 林桂军,何武. 中国装备制造业在全球价值链的地位及升级趋势[J]. 国际贸易问题,2015(04):3-15.

[51] 黎峰. 要素禀赋结构升级是否有利于贸易收益的提升?——基于中国的行业面板数据[J]. 世界经济研究,2014(08):3-7.

[52] 黎峰. 全球价值链下的国际分工地位:内涵及影响因素[J]. 国际经贸探索,2015(09):31-42.

[53] 吕程平,白亚丽. 产业增加值、技术能力与中国城市化——全球分工对城市化作用指数的构建[J]. 成都行政学院学报,2016(02):41-46.

[54] 吕冠珠. 中韩FTA促进中国制造业全球价值链地位提升的研究[D]. 济南:山东大学,2017.

[55] 吕婕,向龙斌,杨先厚. 全球生产网络下中美贸易利益分配影响因素分析[J]. 中国地质大学学报(社会科学版),2013(01):103-107.

[56] 吕越,刘之洋,吕云龙. 中国企业参与全球价值链的持续时间及其决定因素[J]. 数

量经济技术经济研究,2017(06):37-52.

[57] 吕越,吕云龙,莫伟达.中国企业嵌入全球价值链的就业效应——基于 PSM-DID 和 GPS 方法的经验证据[J].财经研究,2018(02):4-16.

[58] 卢仁祥.新新贸易理论中的国际分工问题研究[D].上海:复旦大学,2013.

[59] 刘斌,魏倩,吕越,等.制造业服务化与价值链升级[J].经济研究,2016(03):151-162.

[60] 刘立,庄妍.电信设备制造商全球价值链升级路径分析——以华为技术有限公司为例[J].南京邮电大学学报(社会科学版),2013(01):51-55.

[61] 刘琳.全球价值链、制度质量与出口品技术含量——基于跨国层面的实证分析[J].国际贸易问题,2015(10):37-47.

[62] 刘敏.全球价值链下中国制造业的参与度研究[D].南京:南京大学,2017.

[63] 刘培青.全球价值链中出口增加值的影响因素——以中、印、日为例[J].湖南财政经济学院学报,2016,32(04):143-151.

[64] 刘仕国,吴海英.全球价值链和增加值贸易:经济影响、政策启示和统计挑战[J].国际经济评论,2013(04):86-96.

[65] 刘仕国,吴海英,马涛,等.利用全球价值链促进产业升级[J].国际经济评论,2015(01):64-84.

[66] 刘维林.中国式出口的价值创造之谜:基于全球价值链的解析[J].世界经济,2015(03):3-28.

[67] 刘伟全,张宏.FDI 行业间技术溢出效应的实证研究——基于全球价值链的视角[J].世界经济研究,2008(10):56-62.

[68] 刘志彪.从全球价值链转向全球创新链:新常态下中国产业发展新动力[J].学术月刊,2015(02):5-14.

[69] 牛蕊,郭凯旸.全球价值链视角下的中韩生产性服务贸易研究[J].上海对外经贸大学学报,2018(06):18-27.

[70] 牛雪蓉,张敏,李晓蓉.林业企业上市公司发展能力分析[J].四川林业科技,2018(12):92-95.

[71] 倪红福.全球价值链测度理论及应用研究新进展[J].中南财经政法大学学报,2018(03):115-126.

[72] 倪红福,龚六堂,陈湘杰.全球价值链中的关税成本效应分析——兼论中美贸易摩擦的价格效应和福利效应[J].数量经济技术经济研究,2018(08):74-90.

[73] 倪红福,龚六堂,夏杰长.什么削弱了中国出口价格竞争力?——基于全球价值链分行业实际有效汇率新方法[J].经济学(季刊),2018(01):367-392.

[74] 倪敬娥.中国制造业产业升级影响因素的实证分析[D].南京:南京财经大学,2012.

[75] 马风涛.中国制造业全球价值链长度和上游度的测算及其影响因素分析——基于世界投入产出表的研究[J].世界经济研究,2015(08):3-10.

[76] 马风涛,段治平.全球价值链、国外增加值与熟练劳动力相对就业——基于世界投入产出表的研究[J].经济与管理评论,2015(05):72-80.

[77] 马红旗,陈仲常. 中国制造业垂直专业化生产与全球价值链升级的关系——基于全球价值链治理视角[J]. 南方经济,2012(09):83-91.
[78] 马林,黄夔. 优化TOPSIS模型在木材加工企业的评价应用——基于SCM视角[J]. 农林经济管理学报,2014(05):499-505.
[79] 马明,林秀梅. 日本汽车产业关联分析及对中国产业发展的启示——在日本大地震的背景下[J]. 东北亚论坛,2011,20(6):83-90.
[80] 马述忠,张洪胜,Bom. 中国对外贸易失衡的影响因素——基于贸易增加值(TiVA)测算数据的实证分析[J]. 经济理论与经济管理,2015(11):97-112.
[81] 聂聆,李三妹. 制造业全球价值链利益分配与中国的竞争力研究[J]. 国际贸易问题,2014(12):102-113.
[82] 聂影,杨红强,苏世伟. 中国原木进口国别结构与木材资源安全[J]. 林业经济,2008(03):14-16.
[83] 聂聆. 全球价值链分工地位的研究进展及评述[J]. 中南财经政法大学学报,2016(06):102-112.
[84] 裴长洪. 进口贸易结构与经济增长:规律与启示[J]. 经济研究,2013(07):4-19.
[85] 裴长洪,于燕. 德国"工业4.0"与中德制造业合作新发展[J]. 财经问题研究,2014(10):27-33.
[86] 庞新生,宋维明,王玮. 中国胶合板国际竞争力比较分析[J]. 林业经济,2016(05):30-36.
[87] 潘超. 基于引力模型的中俄林木产品贸易研究[D]. 哈尔滨:东北林业大学,2013.
[88] 潘欣磊,侯方淼,卜善雯. 中美木质林产品贸易竞争性分析[J]. 林业经济,2015(07):59-62.
[89] 秦升. "一带一路":重构全球价值链的中国方案[J]. 国际经济合作,2017(09):13-18.
[90] 乔小勇,王耕,郑晨曦. 中国服务业及其细分行业在全球价值链中的地位研究——基于"地位-参与度-显性比较优势"视角[J]. 世界经济研究,2017(02):99-113.
[91] 邵安菊. 全球价值链重构与我国产业跃迁[J]. 宏观经济管理,2016(02):74-78.
[92] 佘珉. 全球价值链重构与中国外贸结构调整的研究[D]. 南京:南京师范大学,2014.
[93] 沈梓鑫,贾根良. 增加值贸易与中国面临的国际分工陷阱[J]. 政治经济学评论,2014(04):165-179.
[94] 宋泓. 国际产业格局的变化和调整[J]. 国际经济评论,2013(02):9-20.
[95] 孙华平. 中国与南非农产品贸易实证研究[J]. 社会科学家,2013(11):51-54.
[96] 孙乐强. 后金融危机时代的工业革命与国家发展战略的转型——"第四次工业革命"对中国的挑战与机遇[J]. 天津社会科学,2017(01):12-20.
[97] 孙少勤,邱璐. 全球价值链视角下中国装备制造业国际竞争力的测度及其影响因素研究[J]. 东南大学学报(哲学社会科学版),2018(01):61-68.
[98] 孙雪芬. 欧债危机对浙江省对外贸易的传导机制及对策研究[J]. 中共浙江省委党校

学报, 2013(05): 117-123.

[99] 苏杭, 郑磊, 牟逸飞. 要素禀赋与中国制造业产业升级——基于 WIOD 和中国工业企业数据库的分析[J]. 管理世界, 2017(04): 70-79.

[100] 苏丹妮, 邵朝对. 全球价值链参与、区域经济增长与空间溢出效应[J]. 国际贸易问题, 2017(11): 48-58.

[101] 苏敬勤, 高昕. 中国制造企业的低端突破路径演化研究[J]. 科研管理, 2019(02): 87-94.

[102] 佘群芝, 贾净雪. 中国出口增加值的国别结构及依赖关系研究[J]. 财贸经济, 2015(08): 91-103.

[103] 尚涛. 全球价值链与我国制造业国际分工地位研究——基于增加值贸易与 Koopman 分工地位指数的比较分析[J]. 经济学家, 2015(04): 91-100.

[104] 谭人友, 葛顺奇, 刘晨. 全球价值链重构与国际竞争格局——基于 40 个经济体 35 个行业面板数据的检验[J]. 世界经济研究, 2016(05): 87-98.

[105] 田明华, 万莉. 经济发展、林产品贸易对木材消耗的影响研究[J]. 资源科学, 2015, 37(03): 522-533.

[106] 田明华, 于豪谅, 王春波, 等. 世界木质林产品贸易发展趋势、特点与启示[J]. 北京林业大学学报(社会科学版), 2017(04): 52-60.

[107] 田文, 张亚青, 余珉. 全球价值链重构与中国出口贸易的结构调整[J]. 国际贸易问题, 2015(03): 3-13.

[108] 佟家栋, 洪倩霖. 贸易崩溃、出口多样化与企业绩效——来自中国上市公司的经验证据[J]. 经济与管理研究, 2018(02): 108-119.

[109] 吴海英. 全球价值链对产业升级的影响[D]. 北京: 中央财经大学, 2016.

[110] 巫强, 杨帆, 马野青. 厂商生产率异质条件下中国省级国际贸易利益的决定因素分析[J]. 世界经济研究, 2013(12): 20-25.

[111] 王磊, 魏龙. "低端锁定"还是"挤出效应"——来自中国制造业 GVCs 就业、工资方面的证据[J]. 国际贸易问题, 2017(08): 64-74.

[112] 王鹏辉. 基于全球价值链理论的制造业结构升级对生产性服务业发展的实证研究[D]. 西安: 西北大学, 2016.

[113] 王晓晴. 基于技术创新与标准化协同驱动的我国制造业全球价值链内升级研究[D]. 镇江: 江苏大学, 2016.

[114] 王直, 魏尚进, 祝坤福. 总贸易核算法: 官方贸易统计与全球价值链的度量[J]. 中国社会科学, 2015(09): 108-127.

[115] 王敏, 冯宗宪. 全球价值链、微笑曲线与技术锁定效应——理论解释与跨国经验[J]. 经济与管理研究, 2013(09): 45-54.

[116] 王岚, 李宏艳. 中国制造业融入全球价值链路径研究——嵌入地位和增值能力的视角[J]. 中国工业经济, 2015(02): 76-88.

[117] 王岚. 融入全球价值链对中国制造业国际分工地位的影响[J]. 统计研究, 2014(5): 17-23.

[118] 王厚双, 李艳秀, 朱奕绮. 我国服务业在全球价值链分工中的地位研究[J]. 世界经济研究, 2015(08): 11-18.

[119] 魏军波, 黎峰. 全球价值链分工下的属权出口产品质量——基于增加值的视角[J]. 世界经济与政治论坛, 2017(05): 153-172.

[120] 魏龙, 王磊. 全球价值链体系下中国制造业转型升级分析[J]. 数量经济技术经济研究, 2017(06): 71-86.

[121] 卫瑞, 张文城, 张少军. 全球价值链视角下中国增加值出口及其影响因素[J]. 数量经济技术经济研究, 2015(07): 3-20.

[122] 熊英, 马海燕, 刘义胜. 全球价值链、租金来源与解释局限——全球价值链理论新近发展的研究综述[J]. 管理评论, 2010(12): 120-125.

[123] 申明, 刘伟全. 对外直接投资在全球价值链升级中的作用[J]. 国际经济合作, 2011(02): 91-94.

[124] 谢满华, 刘能文. 2016年中国木材与木制品市场概述[J]. 中国人造板, 2017(07): 36-39.

[125] 谢锐, 王菊花, 王振国. 全球价值链背景下中国产业国际竞争力动态变迁及国际比较[J]. 世界经济研究, 2017(11): 102-113.

[126] 项贤春. 技术引进对木材产业升级效应研究[D]. 北京: 北京林业大学, 2010.

[127] 肖雪, 牛猛. 日本参与全球价值链的模式与地位演进研究——基于附加值贸易的考察[J]. 日本问题研究, 2018, 32(01): 30-41.

[128] 肖雪, 刘洪愧. 日本参与全球价值链的成败经验: 程度上升与地位下降[J]. 中央财经大学学报, 2018(04): 115-128.

[129] 熊立春, 程宝栋. 中国林产品贸易成本测算及其影响因素研究[J]. 国际贸易问题, 2017(11): 25-35.

[130] 徐安. 电子商务的全球价值链嵌入效应实证分析[D]. 杭州: 浙江工商大学, 2018.

[131] 徐海波, 张建民. 贸易成本对入世后中国制造业全球价值链分工位置的影响[J]. 现代经济探讨, 2018(05): 68-75.

[132] 许福志. 社会资本、人力资本与资源诅咒对经济增长作用[J]. 首都经济贸易大学学报, 2018(02): 13-22.

[133] 许树辉. 基于全球价值链视角的欠发达地区产业升级研究——以韶关汽车零部件产业为例[J]. 经济地理, 2011(04): 631-635.

[134] 杨超, 程宝栋, 谢屹, 等. 中国木材产业发展的阶段识别及时空分异特征[J]. 自然资源学报, 2017(02): 235-244.

[135] 杨浚, 程宝栋, 熊立春. 技术壁垒对出口产品质量的影响——基于木家具出口复杂度的实证研究[J]. 北京林业大学学报(社会科学版), 2017(01): 64-69.

[136] 杨红强, 聂影. 中国木材加工产业转型升级及区域优化研究[J]. 农业经济问题, 2011(05): 90-94.

[137] 杨连星, 罗玉辉. 中国对外直接投资与全球价值链升级[J]. 数量经济技术经济研究, 2017(06): 54-70.

[138] 杨珍增,刘晶. 知识产权保护对全球价值链地位的影响[J]. 世界经济研究,2018,290(04):125-136.

[139] 印中华,李剑泉,田禾等. 欧盟木材法案对林产品国际贸易的影响及中国应对策略[J]. 农业现代化研究,2011(05):537-541.

[140] 印中华,宋维明. 中国木材产业资源基础转换探析[J]. 资源科学,2011(09):1735-1741.

[141] 印中华. 中国木材产业资源基础研究[D]. 北京:北京林业大学,2009.

[142] 俞荣建. 全球价值链升级视角下长三角国际代工产业自主价值体系构建[J]. 商业经济与管理,2009(11):53-58.

[143] 闫克远. 中国对外贸易摩擦问题研究[D]. 长春:东北师范大学,2012:11-12.

[144] 闫云凤. 全球价值链视角下APEC主要经济体增加值贸易竞争力比较[J]. 上海财经大学学报,2016(01):75-84.

[145] 姚茂元,侯方淼. 亚太地区主要国家林产品出口贸易利益及竞争力比较分析——基于增加值贸易核算法[J]. 世界林业研究,2016(05):71-76.

[146] 姚战琪,夏杰长. 中国对外直接投资对"一带一路"沿线国家攀升全球价值链的影响[J]. 南京大学学报(哲学·人文科学·社会科学),2018(04):37-48.

[147] 叶庆鹏. 浙江义乌小商品的出口竞争力研究[D]. 南昌:南昌大学,2009.

[148] 尹伟华. 中、美两国服务业国际竞争力比较分析——基于全球价值链视角的研究[J]. 上海经济研究,2015(12):41-51.

[149] 尹伟华. 中国制造业产品全球价值链的分解分析——基于世界投入产出表视角[J]. 世界经济研究,2016(01):66-75.

[150] 于津平,邓娟. 垂直专业化、出口技术含量与全球价值链分工地位[J]. 世界经济与政治论坛,2014(02):44-62.

[151] 于明远,范爱军. 全球价值链、生产性服务与中国制造业国际竞争力的提升[J]. 财经论丛,2016(06):11-18.

[152] 袁凯华,彭水军,余远. 增加值贸易视角下我国区际贸易成本的测算与分解[J]. 统计研究,2019,36(2):63-75.

[153] 张杰,郑文平. 全球价值链下中国本土企业的创新效应[J]. 经济研究,2017(03):151-165.

[154] 张杰,陈志远,刘元春. 中国出口国内附加值的测算与变化机制[J]. 经济研究,2013(10):124-137.

[155] 张鸿雁. 全球城市价值链理论建构与实践创新论——强可持续发展的中国城市化理论重构战略[J]. 社会科学,2011(10):69-77.

[156] 张辉. 全球价值链动力机制与产业发展策略[J]. 中国工业经济,2006(01):40-48.

[157] 张会清,翟孝强. 中国参与全球价值链的特征与启示——基于生产分解模型的研究[J]. 数量经济技术经济研究,2018(01):3-22.

[158] 张明之,梁洪基. 全球价值链重构中的产业控制力——基于世界财富分配权控制方

式变迁的视角[J]. 世界经济与政治论坛, 2015(01): 1-23.
[159] 张前程, 杨光. 产能利用、信贷扩张与投资行为——理论模型与经验分析[J]. 经济学(季刊), 2016(03): 1507-1532.
[160] 张平. 全球价值链分工与中国制造业成长[M]. 北京: 经济管理出版社, 2014.
[161] 张向晨. 提升我国在全球价值链中的竞争力[J]. 求是, 2014(07): 55-56.
[162] 张亚斌. "一带一路"经贸合作促进全球价值链升级研究[D]. 西安: 西北大学, 2017.
[163] 张幼文. 要素流动条件下国际分工演进新趋势: 兼评《要素分工与国际贸易理论新发展》[J]. 世界经济研究, 2017(09): 132-134.
[164] 张云飞. 城市群内产业集聚与经济增长关系的实证研究——基于面板数据的分析[J]. 经济地理, 2014(01): 108-113.
[165] 张中元, 赵国庆. FDI、环境规制与技术进步——基于中国省级数据的实证分析[J]. 数量经济技术经济研究, 2012(04): 19-32.
[166] 赵晓霞, 胡荣荣. 全球价值链参与度和工资差距——基于我国在价值链中不同地位的考量[J]. 会计与经济研究, 2018(04): 90-104.
[167] 赵玉林, 高裕. 技术创新对高技术产业全球价值链升级的驱动作用——来自湖北省高技术产业的证据[J]. 科技进步与对策, 2019(03): 52-59.
[168] 诸竹君, 黄先海, 余骁. 进口中间品质量、自主创新与企业出口国内增加值率[J]. 中国工业经济, 2018, 365(08): 118-136.
[169] 祝坤福, 陈锡康, 杨翠红. 中国出口的国内增加值及其影响因素分析[J]. 国际经济评论, 2013(04): 116-127.
[170] 郑丹青, 于津平. 中国出口贸易增加值的微观核算及影响因素研究[J]. 国际贸易问题, 2014(08): 3-13.
[171] 曾寅初, 曾伟, 秦光远. 木材合法性贸易要求对我国木业企业的影响——基于江苏、浙江和山东木业企业的调查分析[J]. 林业经济, 2012(05): 39-43.
[172] 左宗文. 知识产权保护视角下全球价值链分工研究[D]. 北京: 对外经济贸易大学, 2015.
[173] Altomonte C, Bekes G. Trade Complexity and Productivity[J]. Electronic Journal, 2009(8): 1-37.
[174] Anderson J E, Wincoop V E. Trade Costs[J]. Journal of Econometrics, 2004(42): 691-751.
[175] Antràs P, Chor D. Organizing the GVC[J]. Econometrica, 2013, 81(6): 2127-2204.
[176] Antràs P, Chor D, Fally T, et al. Measuring the Upstreamness of Production and Trade Flows[J]. American Economic Review, 2012, 102(3): 412-416.
[177] Bacchiocchi, Florio, Giunta. Internationalisation and the agglomeration effect in the GVC: the case of Italian automotive suppliers[J]. International Journal of Technological Learning Innovation & Development, 2012, 5(5): 126-127.
[178] Baldwin R, Taglioni D. Gravity Chains: Estimating Bilateral Trade Flows When Parts And

Components Trade Is Important[J]. NBER Working Papers, 2011, 8(3): 435 - 470.

[179] Baldwin R, Lopez-Gonzalez J. Supply-chain Trade: A Portrait of Global Patterns and Several Testable Hypotheses[J]. World Economy, 2015, 38(11): 1682 - 1721.

[180] Baier S L, Bergstrand J H. Do free trade agreements actually increase members' international trade? [J]. Journal of International Economics, 2007, 71(1): 72-95.

[181] Basnett Y, Pandey P R. Industrialization and Global Value-Chain Participation: An Examination of Constraints Faced by the Private Sector in Nepal[J]. ADB Economics Working Paper Series, 2014.

[182] Bell M, Albu M. Knowledge Systems and Technological Dynamism in Industrial Clusters In Developing Countries[J]. World Development, 1999, 27(9): 1715-1734.

[183] Bruhn D. GVCs and Deep Preferential Trade Agreements: Promoting Trade at the Cost of Domestic Policy Autonomy? [J]. Social Science Electronic Publishing, 2014.

[184] Bunte J B, Desai H, Gbala K, et al. Natural resource sector FDI, government policy, and economic growth: Quasi - experimental evidence from Liberia [J]. World Development, 2018, 107(7): 151-162.

[185] Chen N, Juvenal L. Quality, Trade, and Exchange Rate Pass-Through[J]. Journal of International Economics, 2016, 100(5): 61-80.

[186] Choi N. Measurement and Determinants of Trade in Value Added[J]. Social Science Electronic Publishing, 2013: 1-13.

[187] Choi N. GVCs and East Asian Trade in Value-Added [J]. Asian Economic Papers, 2015, 14(3): 129-144.

[188] Cattaneo O, Gereffi G, Miroudot S, et al. Joining, Upgrading and Being Competitive in GVCs: A Strategic Framework[J]. Social Science Electronic Publishing, 2013.

[189] Dean J M, Fung K C, Wang Z. Measuring Vertical Specialization: The Case of China[J]. Review of International Economics, 2011, 19(4): 609-625.

[190] Dietzenbacher E. Processing Trade Biases The Measurement of Vertical Specialization in China[J]. Economic Systems Research, 2015, 27(1): 60-76.

[191] Daudin G, Rifflart C, Schweisguth D. Who produces for whom in the world economy? [J]. Canadian Journal of Economics/revue Canadienne Déconomique, 2011, 44(04): 1403 -1437.

[192] Erbahar A, Zi Y. Cascading Trade Protection: Evidence from the US[J]. Journal of International Economics, 2017, 108: 274-299.

[193] Tebaldi E, Elmslie B. Does institutional quality impact innovation? Evidence from cross-country patent grant data[J]. Applied Economics, 2013, 45(7): 887-900.

[194] Fally T. Production Staging: Measurement and Facts[R]. Boulder, Colorado, University of Colorado Boulder Working Paper, 2012.

[195] Fang Y, Gu G, Li H. The impact of financial development on the upgrading of China's export technical sophistication[J]. International Economics & Economic Policy, 2015, 12

(2): 257-280.

[196] Feenstra R C, Hong C, Ma H, et al. Contractual versus non-contractual trade: The role of institutions in China[J]. Journal of Economic Behavior & Organization, 2013, 94(2): 281-294.

[197] Feenstra R C. Integration of Trade and Disintegration of Production in the Global Economy [J]. Journal of Economic Perspectives, 1998, 12(4): 31-50.

[198] Feenstra R C. New Evidence on the Gains from Trade[J]. Review of World Economics, 2006, 142(4): 617-641.

[199] Fontagné L, Gaulier G, Zignago S. Specialization across varieties and North-South competition[J]. Economic Policy, 2008, 23(53): 51-91.

[200] Gereffi G, John Humphrey, Timothy Sturgeon. The governance of GVCs[J]. Review of International Political Economy, 2005, 12(1): 78-104.

[201] Gereffi G. International Trade and Industrial Upgrading in the Apparel Commodity Chains [J]. Journal of International Economics, 1999, 48(1): 37-70.

[202] Gereffi G. The international competitiveness of Asian economies in the apparel commodity chain [N]. Asian Development Bank, 2002.

[203] Gereffi G, Korzeniewicz M. Commodity Chains and Global Capitalism[J]. Contemporary Sociology, 1994.

[204] Gereffi G. Governance in GVCs[J]. Ids Bulletin, 2001, 32(3): 19-29.

[205] Ghoshal T S. Social Capital and Value Creation: The Role of Intrafirm Networks[J]. The Academy of Management Journal, 1998, 41(4): 464-476.

[206] Grossman G M, Helpman E. Technology and Trade[J]. Cepr Discussion Papers, 1995, 269(5): 11-11.

[207] Grossman G M, Helpman E. Special Interest Politics[M]. The MIT Press, 2002.

[208] Gorodnichenko Y, Schaefer D, Talavera O. Financial constraints and continental business groups: Evidence from German Konzerns[J]. Research in International Business and Finance, 2009, 23(3): 233-242.

[209] Giuliani E, Pietrobelli C, Rabellotti R. Upgrading in Global Value Chains: Lessons from Latin American Clusters[J]. World Development, 2005, 33(4): 549-573.

[210] Griffith R, Reenen R J V. Mapping the Two Faces of R&D: Productivity Growth in a Panel of OECD Industries[J]. The Review of Economics and Statistics, 2004, 86(4): 883-895.

[211] Hausmann R, Hwang J, Rodrik D. What you export matters[J]. Journal of Economic Growth, 2007, 12(1): 1-25.

[212] Humphrey J, Schmitz H. Governance and Upgrading: Linking Industrial Cluster and GVC Research[J]. IDS Working Paper, Brighton: Institute of Development Studier, University of Sussex, 2000: 1-37.

[213] Humphrey J, Schmitz H. How does insertion in global value chains affect upgrading in industrial clusters? [J]. Regional Studies, 2002, 36(9): 1017-1027.

[214] Hummels D, Ishii J, Yi K M. The nature and growth of vertical specialization in world trade [J]. Journal of International Economics, 2001, 54(1): 75-96.

[215] Hoekman B. North-South Preferential Trade Agreements [M]. North-South Preferential Trade Agreements, 2011.

[216] Johnson R C, Noguera G. Accounting for intermediates: Production sharing and trade in value added [J]. Journal of International Economics, 2012, 86(2): 224-236.

[217] Kaplinsky R, Morris M. A Handbook for Value Chain Research [M]. International Development Research Centre, 2000.

[218] Kaplinsky R, Morris M, Readman J. The Globalization of Product Markets and Immiserizing Growth: Lessons From the South African Furniture Industry [J]. World Development, 2002, 30(7): 1159-1177.

[219] Kaplinsky R. Globalisation and Unequalisation: What Can Be Learned from Value Chain Analysis? [J]. Journal of Development Studies, 2000, 37(2): 117-146.

[220] Krugman P R. Making Sense of the Competitiveness Debate [J]. Oxford Review of Economic Policy, 1996, 12(3): 17-25.

[221] Krugman P R. Increasing returns, monopolistic competition, and international trade [J]. Journal of International Economics, 1979, 9(4): 470-479.

[222] Koopman R, Wang Z, Wei S J. How Much of Chinese Exports is Really Made In China? Assessing Domestic Value-Added When Processing Trade is Pervasive [J]. NBER Working Papers, 2008.

[223] Koopman R, Wang Z, Wei S J. Tracing Value-Added and Double Counting in Gross Exports [J]. Social Science Electronic Publishing, 2012, 104(2): 459-494.

[224] Koopman R, Powers W, Wang Z, et al. Give credit where credit is due: Tracing value added in global production chains [J]. NBER Working paper, 2010, 123(7): 1-58.

[225] Kogut B. Designing Global Strategies: Comparative and Competitive Value-Added Chains [J]. 1985, 26(7): 15-28.

[226] Krugman P R. Making Sense of the Competitiveness Debate [J]. Oxford Review of Economic Policy, 1996, 12(3): 17-25.

[227] Kowalski P, Lopez-Gonzalez A, Ragoussis C. Ugarte. Participation of Developing Countries in Global Value Chains: Implications for Trade and Trade-Related Policies [M]. Organisation for Economic Cooperation and Development (OECD) Trade Policy Papers, OECD, Paris, 2015.

[228] Lu Y. China's electrical equipment manufacturing in the GVC: A GVC income analysis based on World Input-Output Database (WIOD) [J]. International Review of Economics & Finance, 2017, 52(11): 289-301.

[229] Manova K, Yu Z. Firms and Credit Constraints along the GVC: Processing Trade in China [J]. NBER Working paper, 2014.

[230] Mark P. Dallas. 'Governed' trade: GVCs, firms, and the heterogeneity of trade in an era

of fragmented production[J]. Social Science Electronic Publishing, 2015, 22(5): 875 -909.

[231] Mattoo A, Wang Z, Wei S J. Trade in Value Added: Developing New Measures of Cross-Border Trade[M]. Trade in Value Added: Developing New Measures of Cross-Border Trade. The World Bank, 2014.

[232] Mayer T, Zignago S. Notes on CEPII's Distances Measures: The GeoDist Database[J]. Social Science Electronic Publishing, 2006.

[233] Mcgrattan E R, Prescott E C. Openness, technology capital, and development[J]. Journal of Economic Theory, 2009, 144(6): 2454-2476.

[234] Melitz M J. The Impact of Trade on Intra-Industry Reallocations and Aggregate Industry Productivity[J]. Econometrica, 2003, 71(6): 1695-1725.

[235] Michaely M. Trade, income levels, and dependence [M]. North-Holland: Amsterdam, 1984.

[236] Milberg W, Winkler D. Economic and Social Upgrading in Global Production Networks: Problems of Theory and Measurement[J]. International Labour Review, 2012, 150(3): 341-365.

[237] Miroudot S. GVCs and Trade in Value-Added: An Initial Assessment of the Impact on Jobs and Productivity[N]. OECD Trade Policy Papers, 2016.

[238] Mukherjee A, Suetrong K. Trade cost reduction and foreign direct investment[J]. Economic Modelling, 2012, 29(5): 1938-1945.

[239] Nunn N. Relationship-Specificity, Incomplete Contracts, and the Pattern of Trade[J]. Quarterly Journal of Economics, 2007, 122(2): 569-600.

[240] Novy D, Taylor A M. Why is trade so volatile? The great trade collapse of 2008/09[J]. Hb Economic Theory, 2011: 1-4.

[241] OECD. New sources of growth[J]. Sourceoecd Science & Information Technology, 2010 (7): 8-7.

[242] Orefice G, Rocha N. Deep Integration and Production Networks: An Empirical Analysis [J]. World Economy, 2014, 37(1): 106-136.

[243] Porter M E. Competitive Advantage: Creating and Sustaining Superior Performance[M]. New York: The Free Press. 1985.

[244] Rametsteiner E, Simula M. Forest certification—an instrument to promote sustainable forest management? [J]. Journal of Environmental Management, 2003, 67(1): 87.

[245] Ramondo N, Rodríguez-Clare A. Trade, Multinational Production, and the Gains from Openness[J]. Journal of Political Economy, 2013, 121(2): 273-322.

[246] Sturgeon T J. How Do We Define Value Chains and Production Networks? [J]. Ids Bulletin, 2001, 32(3): 9-18.

[247] Song M, Wang S. Participation in GVC and green technology progress: evidence from big data of Chinese enterprises[J]. Environmental Science and Pollution Research, 2016, 24

(2): 1648-1661.
[248] Timmer M P, Los B, Stehrer R, et al. Fragmentation, incomes and jobs: an analysis of European competitiveness[J]. Economic Policy, 2013, 28(76): 613-661.
[249] Trevor A. Reeve. Factor Endowments and Industrial Structure[J]. Review of International Economics, 2006, 14(1): 30-53.
[250] UNCTAD. World investment report 2013 GVCs: investment and trade for development[J]. Laboratory Animal Science, 2013, 35(3): 272-279.
[251] UNIDO. Industrial development report 2002/2003: Competing through Innovation and Learning[R]. 2002.
[252] Wang Z, Wei S J. What Accounts for the Rising Sophistication of China's Exports? [J]. NBER Working Papers, 2010.
[253] WTO IDE-JETRO. Trade Patterns and GVCs in East Asia[M]. WTO, Geneva, 2011.
[254] Wang Z, Wei S J, Zhu K F. Quantifying International Production Sharing at the Bilateral and Sector Levels[J]. NBER Working Paper, 2013.
[255] Wang Z, Wei S J, Yu X, et al. Characterizing Global Value Chains: Production Length and Upstreamness[J]. NBER Working Paper 23261, 2017a.
[256] Wang Z, Wei S J, Yu X, et al. Measures of Participation in Global Value Chains and Global Business Cycles[J]. NBER Working Paper 23222, 2017b.